Ուսուցում

AF062315

Eureka Math®

1-ին դասարան

Մոդուլներ 2 և 3

Great Minds PBC is the creator of Eureka Math®,
Wit & Wisdom®, Alexandria PlanTM, and PhD ScienceTM.

Published by Great Minds PBC. greatminds.org

Copyright © 2020 Great Minds PBC. All rights reserved. No part of this work may be reproduced or used in any form or by any means—graphic, electronic, or mechanical, including photocopying or information storage and retrieval systems—without written permission from the copyright holder.

ISBN 978-1-64929-158-5

1 2 3 4 5 6 7 8 9 10 XXX 25 24 23 22 21 20

Printed in the USA

Ուսուցում • Պրակտիկա • Արդյունք

«Eureka Math»-ի® «A Story of Units»® աշակերտների համար նյութերը (K–5) հասանելի են Ուսուցում, Գործնական աշխատանք, Արդյունք եռյակում: Այս շարքը ապահովում է նյութերի տարբերակումը և փոփոխումը՝ միաժամանակ դրանք կանոնակարգված և մատչելի թողնելով: *Ուսուցիչները կբացահայտեն, որ «Ուսուցում, Գործնական աշխատանք և Արդյունք» շարքը առաջարկում է նաև համապարփակ և, հետևաբար, ավելի արդյունավետ եղանակ՝ Անհատական մոտեցման ցուցաբերման, լրացուցիչ աշխատանքների և ամառային ուսուցման կազմակերպման համար:*

Ուսուցում

«Eureka Math Ուսուցում» բաժինը ծառայում է աշակերտին որպես ուսումնական ուղեցույց, որտեղ նանք ներկայացնում են այն ինչ մտածում են և գիտեն, և ամեն օր զարգացնում են իրենց գիտելիքները: *«Ուսուցում» բաժնում ներառված ամենօրյա դասարանային աշխատանքները՝ գործնական խնդիրները, ստուգողական աշխատանքները, խնդիրները, ձևանմուշները, ներկայացված են դյուրահաս ձևով և ծավալով:*

Գործնական աշխատանք

«Eureka Math»-ի յուրաքանչյուր դաս սկսվում է մի շարք ակտիվ, իմացության ստուգման ուրախ վարժություններով՝ ներառյալ «Eureka Math Գործնական աշխատանք» բաժնում ներառված վարժությունները: Այն աշակերտները, ովքեր ավելի շատ գիտելիքներ ունեն մաթեմատիկայից, կարող են ավելի շատ նյութ յուրացնել առավել խորությամբ: *«Գործնական աշխատանք բաժնում* աշակերտները զարգացնում են նոր ձեռք բերված գիտելիքի կիրառման հմտությունները և ամրապնդում են նախորդ դասը՝ նախապատրասվելով հաջորդին:

«Ուսուցում» *և* «Գործնական աշխատանք» *բաժինները միասին* աշակերտներին տրամադրում են տպագիր բոլոր նյութերը, որոնք նրանք կօգտագործեն մաթեմատիկայի հիմնական դասընթացի համար:

Արդյունք

«Eureka Math-ի Արդյունք» բաժինը աշակերտներին հնարավորություն է տալիս ինքնուրույն վարպետանալ: Լրացուցիչ խնդիրները համահունչ են դասի նյութին և հարմար են որպես տնային կամ լրացուցիչ աշխատանք հանձնարարելու համար: Խնդիրներն ուղեկցվում են «Տնային աշխատանքի օգնականով», որն իրենից ներկայացնում է խնդիրների լուծման օրինակներ՝ ցույց տալով, թե ինչպես պետք է լուծել նմանատիպ խնդիրները:

Ուսուցիչներն ու դասավանդողները կարող են օգտագործել նախորդ դասարանների *«Արդյունք» բաժնի* դասագիրքը՝ որպես ուսուցման ծրագրի մաս՝ հիմնարար գիտելիքների բացը լրացնելու համար: Աշակերտներն ավելի արագ կընկալեն ու կյուրացնեն, քանի որ ծանոթ նյութի կրկնությունը դյուրին է դարձնում ընթացիկ դասարանի բովանդակության կապակցումը նախորդի հետ:

EUREKA MATH®

Աշակերտներ, ընտանիքներ և դասավանդողներ,

Շնորհակալություն *Eureka Math*® թիմի անդամ լինելու համար. այստեղ մենք վայելում ենք մաթեմատիկայի պարզված ուրախությունը, բերկրանքը և սուր զգացմունքները:

Eureka Math-ի *դասին* նոր նյութը յուրացվում է մեծ քանակությամբ գործնական աշխատանքների և մտքերի փոխանակման արդյունքում: «Ուսուցում» բաժնի*գիրքը* յուրաքանչյուր աշակերտի առաջարկում է հուշումներ և խնդիրների լուծման քայլեր, որոնք անհրաժեշտ են դասարանում իր սովորածը արտահայտելու և ամրապնդելու համար:

Ի՞նչ է իրենից ներկայացնում «Ուսուցում» դասագիրքը:

Գործնական խնդիրներ. Իրական կյանքում խնդիրների լուծումը «Eureka Math»-ի առաքելության անքակտելի *մասն է:* Աշակերտները վստահություն և հաստատակամություն են ձեռք բերում, երբ իրենց գիտելիքները կիրառում են նոր և տարաբնույթ իրավիճակներում: Ուսումնական ծրագիրը խրախուսում է աշակերտներին կիրառել ԿՆԳ եղանակը.Կարդալ խնդիրը, Նկարել՝ խնդիրը հասկանալու համար, և Գրել հավասարումն ու լուծումը: Ուսուցիչները խրախուսում են, որպեսզի աշակերտները ցույց տան իրենց աշխատանքը և մեկը մյուսին բացատրեն, թե լուծման ինչ ռազմավարություն են ընտրել:

Խնդիրներ. Ճիշտ հաջորդականությամբ ընտրված խնդիրները հնարավորություն են տալիս դասարանում ինքնուրույն աշխատել՝ անցում կատարելով մյուս խնդիրներին: Ուսուցիչները կարող են Նախապատրաստման և Տրամադրման աշխատանքներ տանել՝ յուրաքանչյուր աշակերտի համար ընտրելով «անհրաժեշտ» խնդիրը: Որոշ աշակերտներ ավելի շատ խնդիրներ են լուծում, քան մյուսները. կարևորն այն է, որ բոլոր աշակերտներն ունենան 10 րոպե ժամանակ՝ իրենց սովորածը ուսուցչին անմիջապես ցույց տալու համար՝ նրա կողմից ստանալով թեթև օգնություն:

Դասի կուլմինացիոն պահը աշակերտների խնդիրների լուծումների պատասխաններն են՝ հարցուպատասխանը: Այստեղ աշակերտները մտածում են իրենց հասակակիցների և ուսուցչի հետ՝ ձևակերպելով և ամրապնդելով այն, ինչ նրանց հետաքրքրել է, նկատել են և սովորել են օրվա ընթացքում:

Ստուգողական աշխատանքներ. Աշակերտներն ուսուցչին ցույց են տալիս իրենց գիտելիքները ամենօրյա Գնահատման տոմսակներում կատարված աշխատանքի միջոցով: Գիտելիքի այս ստուգումը ուսուցչին կարևոր տեղեկություն է հաղորդում տվյալ օրվա ուսուցման արդյունավետության վերաբերյալ՝ ցույց տալով նրան, թե ինչի վրա պետք է ուշադրություն դարձնի հաջորդ անգամ:

Ձևանմուշ. Ժամանակ առ ժամանակ Գործնական խնդիրը, Խնդիրները կամ դասարանային այլ աշխատանք պահանջում են, որպեսզի աշակերտներն ունենան իրենց նկարների օրինակը, բազմակի օգտագործման մոդելը կամ տվյալները: Այս ձևանմուշները տրամադրվում են առաջին դասին, եթե պահանջվում է:

Որտե՞ղ կարող եմ ավելի շատ տեղեկություններ ստանալ «Eureka Math»-ի *նյութերի վերաբերյալ:*

Great Minds® թիմը ձգտում է ապահովել աշակերտներին, ընտանիքներին և դասավանդողներին մշտապես հարստացվող նյութերի շտեմարանով, որը հասանելի է՝ eureka-math.org. *Վեբկայքում զետեղված են նաև Eureka Math-ի խմբի ոգեշնչող հաջողության պատմություններ: Կիսվեք ձեր տպավորություններով և ձեռքբերումներով այլ օգտատերերի հետ՝ դառնալով Eureka Math-ի չեմպիոն:*

Լավագույն մաղթանքները ուսումնական տարվա կապակցությամբ, որը հուսով ենք հարուստ կլինի անմոռանալի պահերով:

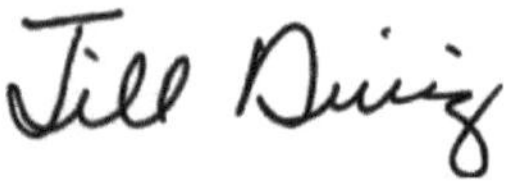

Ջիլ Դինիզ
Մաթեմատիկայի բաժնի տնօրեն
Great Minds

Կարդալ–Նկարել–Գրել եղանակ

Eureka Math ուսումնական ծրագիրը օգնում է աշակերտներին խնդիրների լուծման գործընթացում՝ առաջարկելով նրանց պարզ, կրկնվող եղանակ, որը կներկայացվի ուսուցչի կողմից: Կարդալ–Նկարել–Գրել (ԿՆԳ) եղանակը աշակերտներին դրդում է

1. Կարդալ խնդիրը:
2. Նկարել և նշումներ անել:
3. Գրել հավասարում:
4. Գրել նախադասություն բառերով (պնդում):

Դասավանդողներին առաջարկվում է անցկացնել գործընթացը՝ դրան միջամտելով այսպիսի հարցադրումներով՝

- Ի՞նչ եք տեսնում:
- Կարո՞ղ եք մի բան նկարել:
- Ի՞նչ եզրակացություններ կարող եք անել ձեր նկարներից:

Որքան շատ աշակերտները մասնակցեն այս համակարգված, բաց մտածելակերպով խնդիրների տրամաբանական լուծմանը, այնքան ավելի լավ կյուրացնեն մտածելու գործընթացն և այն բնազդաբար կկիրառեն հետագայում:

Բովանդակություն

Մոդուլ 2. Արժեքի տեղադրում գումարման և հանման միջոցով 20-ի սահմանում

Թեմա Ա. Հաշվելը կամ տաս ստանալը՝ անհայտ արդյունքով և ամբողջովին անհայտ խնդիրները լուծելու համար

Դաս 1 3

Դաս 2 9

Դաս 3 15

Դաս 4 21

Դաս 5 27

Դաս 6 33

Դաս 7 39

Դաս 8 45

Դաս 9 51

Դաս 10 57

Դաս 11 63

Թեմա Բ. Հաշվելը կամ տասից հանելը՝ անհայտ արդյունքով և ամբողջովին անհայտ խնդիրները լուծելու համար

Դաս 12 69

Դաս 13 77

Դաս 14 83

Դաս 15 89

Դաս 16 95

Դաս 17 101

Դաս 18 107

Դաս 19 115

Դաս 20 121

Դաս 21 129

Թեմա Գ: Ռազմավարություններ՝ փոփոխականով կամ անհայտ գումարելիով խնդիրներ լուծելու համար

Դաս 22 135

Դաս 23 139

Դաս 24 145

Դաս 25 151

Թեմա Դ. Տարբեր խնդիրներ՝ տասից քսան թվերի տարալուծմամբ՝ որպես 1 տասը և մի քանի միավորներ

Դաս 26 157

Դաս 27 163

Դաս 28 169

Դաս 29 175

Մոդուլ 3. Երկարության չափումների դասավորում և համեմատություն՝ որպես թվեր

Թեմա Ա. Երկարության անուղղակի համեմատություն

Դաս 1 183

Դաս 2 189

Դաս 3 199

Թեմա Բ. Երկարության ստանդարտ միավորներ

Դաս 4 207

Դաս 5 215

Դաս 6 221

Թեմա Գ. Երկարության ոչ ստանդարտ և ստանդարտ միավորներ

Դաս 7 229

Դաս 8 235

Դաս 9 241

Թեմա Դ. Տվյալների մեկնաբանություն

Դաս 10 249

Դաս 11 255

Դաս 12 261

Դաս 13 267

1-ին դասարան
Մոդուլ 2

ՄԻԱՎՈՐՆԵՐԻ ՊԱՏՈՒԹՅՈՒՆ Դաս 1 Գործնական խնդիր 1•2

Կարդալ

Ջոնը, Էմման և Ալիսը յուրաքանչյուրը ունեին 10 չամիչ: Ջոնը կերել է 3 չամիչ, Էմման կերել է 4 չամիչ, իսկ Ալիսը կերել է 5 չամիչ: Նրանցից յուրաքանչյուրը քանի՞ չամիչ ունի հիմա: Յուրաքանչյուրի համար գրեք թվային կապը և թվային հաջորդականությունը:

Գծել

Դաս 1.   Լուծեք խնդիրներ երեք գումարելիներով, որոնցից երկուսը տաս են կազմում:

Գրել

4 Դաս 1. Լուծեք խնդիրներ երեք գումարելիներով, որոնցից երկուսը տաս են կազմում:

Անուն ______________________________ Ամսաթիվ ______________

Կարդացեք մաթեմատիկական խնդիրը: Գծեք պարզ մաթեմատիկական նկար՝ նշումներով: 10 և լուծել: Շրջանակի մեջ առեք

1. Բիլը գնաց խանութ: Նա գնեց 1 խնձոր, 9 բանան և 6 տանձ: Քանի՞ հատ միրգ է նա գնել ընդհանուր առմամբ:

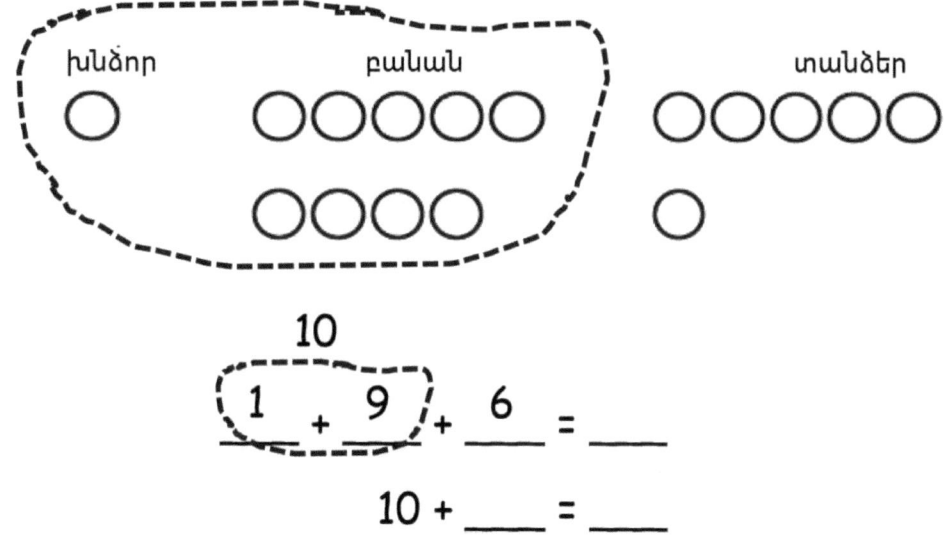

10

1 + 9 + 6 = ____

10 + ____ = ____

Բիլը գնեց _____ հատ միրգ:

---

2. Մարիան ծննդյան օրվա համար ստանում է մի քանի նոր խաղալիքներ: Նա ստանում է 4 տիկնիկ, 7 գնդակ և 3 խաղ: Քանի՞ խաղալիք է նա ստացել:

____ + ____ + ____ = ____

10 + ____ = ____

Մարիան ստացավ _____ խաղալիք:

EUREKA MATH Դաս 1. Լուծեք խնդիրներ երեք գումարելիներով, որոնցից երկուսը տաս են կազմում: 5

3. Մեդին գնում է լճակ և բռնում է 8 բզեզ, 3 գորտ և 2 շերեփուկ: Քանի՞ կենդանի է նա ընդհանուր առմամբ բռնել:

____ + ____ + ____ = ____

10 + ____ = ____

Մեդին բռնել է _____ կենդանի:

---

4. Մոլին երեկույթին ժամանել է առաջինը 4 կարմիր փուչիկներով: Քենին հաջորդեց 2 կանաչ փուչիկներով: Դարան եկավ վերջինը՝ 6 կապույտ փուչիկներով: Քանի՞ փուչիկ էին բերել ընկերները:

____ + ____ + ____ = ____

10 + ____ = ____

Կա _____ փուչիկ:

ՄԻԱՎՈՐՆԵՐԻ ՊԱՏՄՈՒԹՅՈՒՆ   Դաս 1 Ստուգողական աշխատանք   1•2

Անուն _____   Ամսաթիվ _____

Կարդացեք մաթեմատիկական խնդիրը: Գծեք պարզ մաթեմատիկական նկար՝ նշումներով: Շրջանակի մեջ առեք 10 և լուծեք:

Տոբին պաղպաղակի փող ունի: Նա ունի 2 անգամ: Նա իր բաճկոնում գտնում է ևս 4 անգամ և 8-ը ավելին սեղանին: Քանի՞ տասցենտանոց ունի Տոբին:

___ + ___ + ___ = ___

10 + ___ = ___

Թոբին ունի _____ տասցենտանոց:

Դաս 1.   Լուծեք խնդիրներ երեք գումարելիներով, որոնցից երկուսը տաս են կազմում:

7

Կարդալ

Լիզան գիրք էր կարդում։ Նա կարդաց 6 էջ առաջին գիշերը, հաջորդ գիշեր՝ 5 էջ, իսկ հաջորդ գիշեր՝ 4 էջ։ Քանի՞ էջ է կարդացել։

Պատկերեք գծապատկեր՝ ձեր մտածողությունը ցույց տալու համար։
Գրեք արտահայտություն՝ աշխատանքը կատարելու համար։

Լրացուցիչ. եթե նա մինչև հինգերորդ գիշեր ընդհանուր առմամբ կարդացել է 20 էջ, ապա քանի՞ էջ կարող էր կարդալ չորրորդ գիշերը և հինգերորդ գիշերը։

Գծել

Գրել

_____

_____

_____

Դաս 2. Օգտագործեք ասոցիատիվ և կոմուտատիվության հատկությունները՝ երեք գումարելիով տասը կազմելու համար:

Անուն ______________________ Ամսաթիվ ____________

Շրջանակի մեջ առեք թվերը, որոնք կազմում են տասը: Նկար նկարեք: Լրացրեք թվային արտահայտությունը:

1. (7) + (3) + 4 = ☐

10

7 + 3 + 4

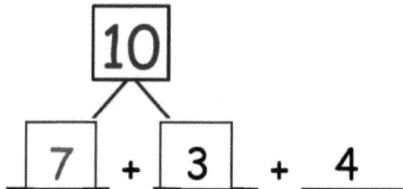

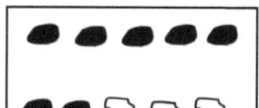

10 + ____ = ____

2. 9 + 1 + 4 = ☐

10

____ + ____ + ____

10 + ____ = ____

3. 5 + 6 + 5 = ☐

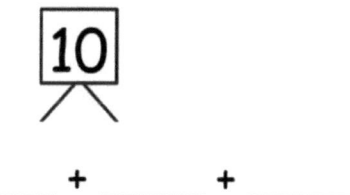

10

____ + ____ + ____

10 + ____ = ____

Դաս 2. Օգտագործեք ասոցիատիվ և կոմուտատիվության հատկությունները՝ երեք գումարելիով տասը կազմելու համար:

4. 4 + 3 + 7 = □

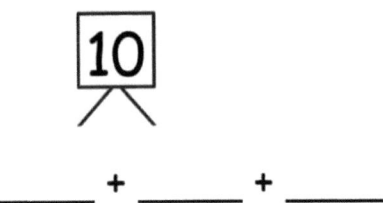

10

_____ + _____ + _____

10 + _____ = _____

---

5. 2 + 7 + 8 = □

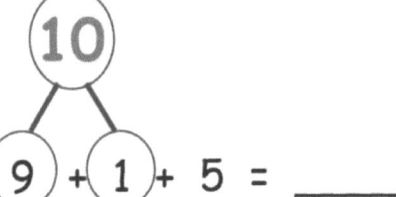

10

_____ + _____ + _____

10 + _____ = _____

Շրջանակի մեջ առեք թվերը, որոնք կազմում են տասը: Դրեք դրանք թվային կապի մեջ և լուծեք:

6.

10

9 + 1 + 5 = _____

7.

8 + 2 + 4 =

8.

3 + 5 + 5 =

9.

3 + 6 + 7 =

EUREKA MATH

ՄԻԱՎՈՐՆԵՐԻ ՊԱՏՄՈՒԹՅՈՒՆ   Դաս 2 Ստուգողական աշխատանք   1•2

Անուն _____ Ամսաթիվ _____

(Շրջանակի մեջ առեք) թվեր, որոնք կազմում են տասը:

Նկար նկարիր և լրացրու լուծման համարների թիվը:

ա. 8 + 2 + 3 = ____

____ + ____ = ____

10 + ____ = ____

___

բ. 7 + 4 + 3 = ____

____ + ____ = ____

10 + ____ = ____

Դաս 2. Օգտագործեք ասցիատիվ և կոմուտատիվության հատկությունները՝ երեք գումարելիով տասը կազմելու համար:

Կարդալ

Թոմի մայրը նրան տվեց 4 մետաղադրամ։ Նրա հայրը նրան տվել է 9 մետաղադրամ։ Նրա քույրը բավականաչափ մետաղադրամներ տվեց նրան, որպեսզի այժմ նա ընդհանուր առմամբ ունենա 14։ Քանի՞ մետաղադրամ տվեց նրա քույրը։

Օգտագործեք նկար, թվերի հաջորդականությունը և պնդում։

Լրացուցիչ. Եվս քանի՞ հատ կպահանջեր 19 մետաղադրամ ունենալու համար։

Գծել

ՄԻԱՎՈՐՆԵՐԻ ՊԱՏՄՈՒԹՅՈՒՆ — Դաս 3 Գործնական խնդիր

Գրել

_____

_____

_____

Դաս 3. Կազմեք տասը, երբ գումարելիներից մեկը 9 է:

ՄԻԱՎՈՐՆԵՐԻ ՊԱՏՄՈՒԹՅՈՒՆ　　　Դաս 3 Խնդիրներ　　1•2

Անուն _____　Ամսաթիվ _____

(Շրջանակի մեջ առեք) Նկարեք և ցույց տվեք, թե ինչպես եք տասը կազմել, որպեսզի օգնեք խնդիրը լուծել:

1. Մարիան ունի 9 ձնագնդիկ, իսկ Թոնին՝ 6: Որքա՞ն ձնագնդի ունեն ընդհանուր առմամբ:

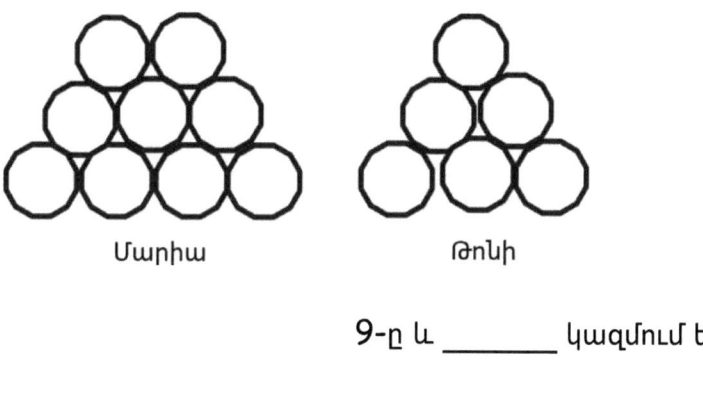

Մարիա　　　Թոնի

9-ը և _____ կազմում են _____

10-ը և _____ կազմում են _____

Մարիան և Թոնին ունեն _____ ձնագնդի միասին:

2. Բոբը ունի 9 չամիչ, իսկ Ջոնին՝ 4: Քանի՞ չամիչ ունեն միասին:

9 + ___ = ___

10 + ___ = ___

Բոբը և Ջոնին ունեն _____ չամիչ միասին:

Դաս 3.　Կազմեք տասը, երբ գումարելիներից մեկը 9 է:　17

| ՄԻԱՎՈՐՆԵՐԻ ՊԱՏՄՈՒԹՅՈՒՆ | Դաս 3 Խնդիրներ | 1•2 |

3. Դասարանի ձախ մասում կա 3 աթոռ, իսկ աջ կողմում՝ 9: Ընդամենը քանի՞ աթոռ կա դասարանում:

$9 + \underline{} = \underline{}$

$10 + \underline{} = \underline{}$

Ընդամենը կա _____ աթոռ:

4. Գորգին նստած է 7 երեխա, իսկ 9 երեխա՝ կանգնած: Ընդամենը քանի՞ երեխա կա:

$9 + \underline{} = \underline{}$

$10 + \underline{} = \underline{}$

Կա ընդամենը _____ երեխա:

Դաս 3.   Կազմեք տասը, երբ գումարելիներից մեկը 9 է:

Անուն _____ Ամսաթիվ _____

(Շրջանակի մեջ առեք) Նկարեք և ցույց տվեք, թե ինչպես կարելի է տասը կազմել՝ լուծման համար: Լրացրեք թվային հաջորդականությունները:

Թամին ունի 4 գիրք, իսկ Ջոնը՝ 9 գիրք: Թամին և Ջոնը քանի՞ գիրք ունեն ընդամենը:

____ + ____ = ____

____ + ____ = ____   Թամին և Ջոնը ունեն ____ գիրք:

Դաս 3. Կազմեք տասը, երբ գումարելիներից մեկը 9 է:

Կարդալ

Առավոտյան Մայքլը տնկում է 9 ծաղիկ։ Այնուհետև նա ցերեկը տնկում է 4 ծաղիկ։ Քանի՞ ծաղիկ է նա տնկել մինչև օրվա վերջ։

Գծեք գծապատկեր, թվային կապ և պնդում։

Գծել

Գրել

_____

_____

_____

Դաս 4. Կազմեք տասը, երբ գումարելիներից մեկը 9 է:

Անուն ______________________________ Ամսաթիվ ______________

Փոխեք պատկերը՝ տասը կազմելու համար: Գրեք ավելի հեշտ թվերի հաջորդականություն և լուծեք:

1. Թոմն ունի 9 կարմիր մատիտ և 5 դեղին: Քանի՞ մատիտ ունի ընդհանուր առմամբ Թոմը:

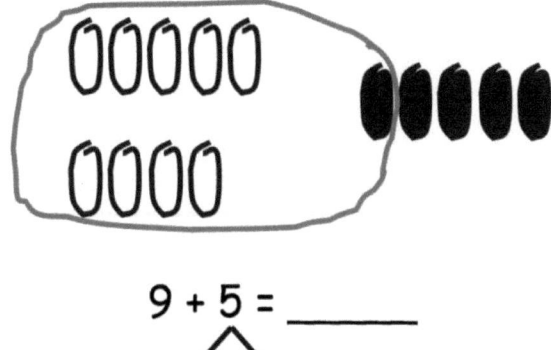

9 + 5 = _____

10 մատիտ + _____ մատիտ = _____ մատիտ

Շրջանակի մեջ առեք 10 և լուծել:

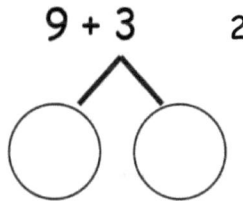

2. 9 + 3

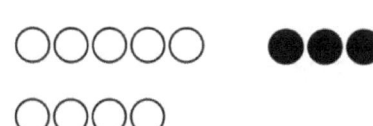

10-ը + _____ = _____

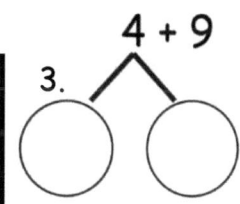

3. 4 + 9

10-ը + _____ = _____

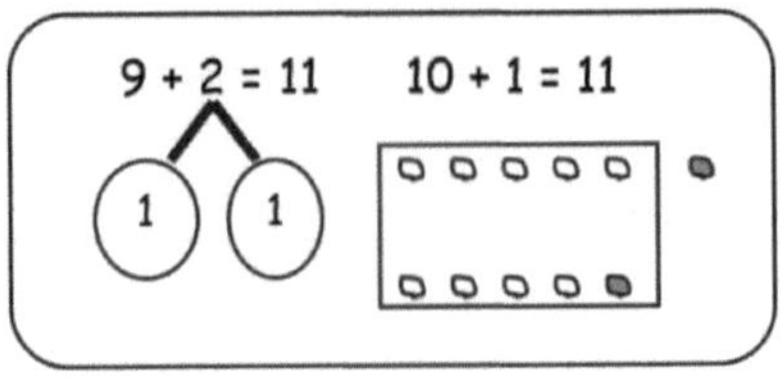

ՄԻԱՎՈՐՆԵՐԻ ՊԱՏՄՈՒԹՅՈՒՆ   Դաս 4 Խնդիրներ   1•2

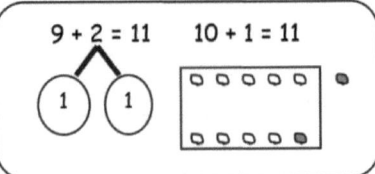

Լուծել: Գծեք մաթեմատիկայի գծագրեր՝ օգտագործելով տասը շրջանակը, ցույց տալու համար ինչպես եք կազմել 10 լուծելու համար:

4. 9 + 5 = ___   ___ + ___ = ___

5. 6 + 9 = ___   ___ + ___ = ___

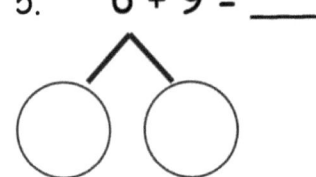

6. 8 + 9 = ___   ___ + ___ = ___

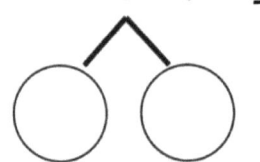

Լուծել: Օգտագործեք թվային կապը՝ ցույց տալու համար, թե ինչպես եք տասը կազմել:

7. 5 + 9 = ___   8. ___ = 9 + 7

Դաս 4.   Կազմեք տասը, երբ գումարելիներից մեկը 9 է:

ՄԻԱՎՈՐՆԵՐԻ ՊԱՏՄՈՒԹՅՈՒՆ　　Դաս 4 Ստուգողական աշխատանք　1•2

Անուն _____　　Ամսաթիվ _____

Լուծել՝

Գծեք մաթեմատիկայի գծագրեր՝ օգտագործելով տասը շրջանակը, ցույց տալու համար, թե ինչպես դուք արել եք 10-ը լուծելու համար:

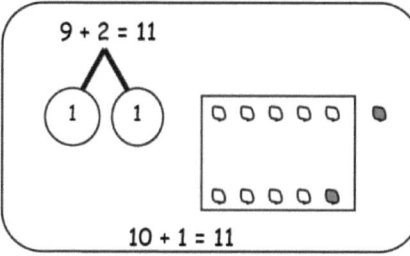

1. 6 + 9 = ____　　　　　　　2. ____ = 4 + 9

10 + ____ = ____　　　　　　____ + ____ = ____

Կարդալ

Ծառի մեջ կա 9 կարմիր թռչուն և 6 կապույտ թռչուն։ Քանի՞ թռչուն կա ծառի վրա։ Օգտագործեք տասը շրջանակային նկարը և թվերի հաջորդականություն։ Գրեք թվային կապ՝ պատմությանը համապատասխան և թվերի հաջորդականություն՝ 10+-ին համապատասխանությունը ցույց տալու համար։ Գրեք արտահայտություն։

Գծել

Գրել

28 Դաս 5. Համեմատեք հաշվելու և տասը կազմելիս արդյունավետությունը, երբ գումարելիներից մեկը 9 է:

Անուն _____ Ամսաթիվ _____

Դարձրեք տասը՝ լուծելու համար։ Օգտագործեք թվային կապը՝ ցույց տալու համար, թե ինչպես եք հանել 1-ը։

1. Սյուն ունի 9 թենիսի գնդակ և 3 ֆուտբոլի գնդակ։ Քանի՞ գնդակ ունի նա։

    9 + 3 = ____   10-ը + ____ = ____

    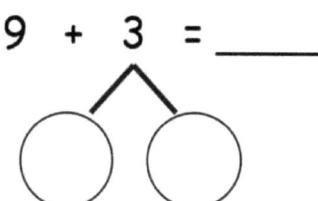

    Սյուն ունի ____ գնդակ։

2.   9 + 4 = ____   10-ը + ____ = ____

Ձեր մտածողությունը ցույց տալու համար օգտագործեք թվային կապեր։ Գրեք 10+ փաստ

3. 9 + 2 = ____   ____ + ____ = ____

4. 9 + 5 = ____   ____ + ____ = ____

5. 9 + 4 = ____   ____ + ____ = ____

| ՄԻԱՎՈՐՆԵՐԻ ՊԱՏՄՈՒԹՅՈՒՆ | Դաս 5 Խնդիրներ 1•2 |

6. 9 + 7 = ____   ____ + ____ = ____

7. 9 + ____ = ____   10 + 7 = ____

Լրացրեք գումարման արտահայտությունները:

8. ա. 10 + 1 = ____   բ. 9 + 2 = ____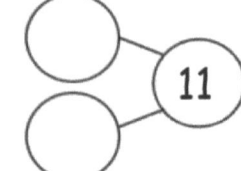

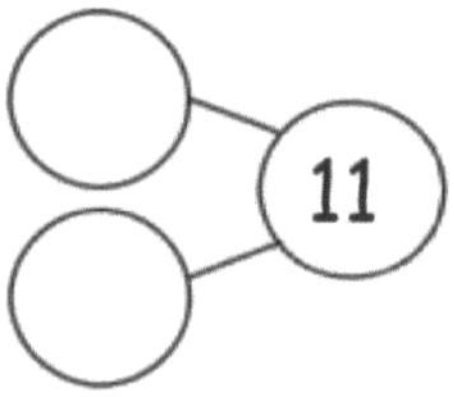

9. ա. 10 + 8 = ____    բ. 9 + 9 = ____

10. ա. 10 + 7 = ____ 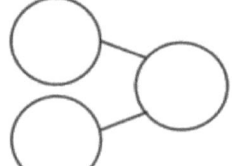   բ. 9 + 8 = ____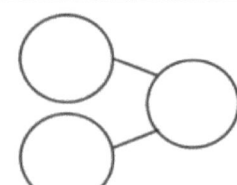

1. ա. 5 + 10 = ____ 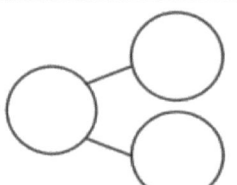   բ. 6 + 9 = ____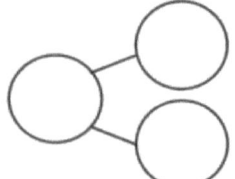

12. ա. 6 + 10 = ____ 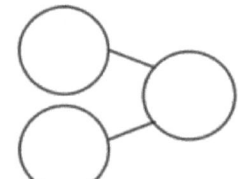   բ. 7 + 9 = ____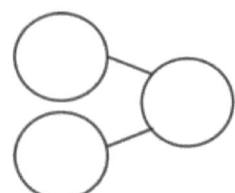

Դաս 5. Համեմատեք հաշվելու և տասը կազմելիս արդյունավետությունը, երբ գումարելիներից մեկը 9 է:

Անուն _____ Ամսաթիվ _____

Լրացրեք թվային հաջորդականությունը
Օգտագործեք արդյունավետ ռազմավարություն՝ թվային հաջորդականությունները լուծելու համար։

 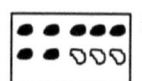
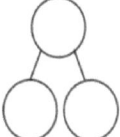

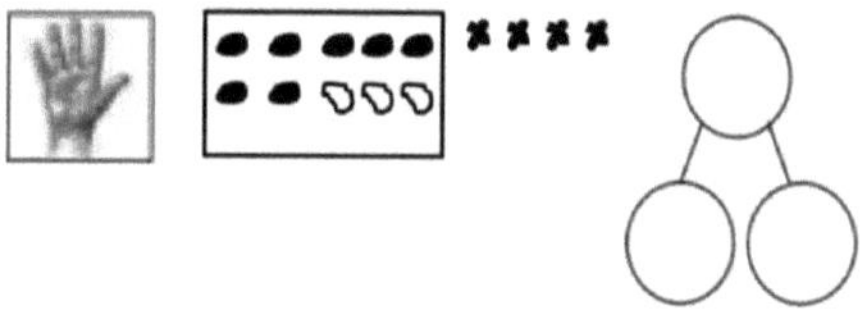

1. 9 + 2 = ___

2. 7 + 9 = ___

3. ___ = 9 + 5

Կարդալ

Ճոճանակներում կա 6 երեխա, իսկ 9 երեխա խաղում են բռնոցի: Քանի՞ երեխա է խաղում խաղահրապարակում: Դարձրեք տասը՝ լուծելու համար: Ստեղծեք գծագիր, թվային կապ և թվային հաջորդականություն ձեր արտահայտության հետ միասին:

Գծել

ՄԻԱՎՈՐՆԵՐԻ ՊԱՏՄՈՒԹՅՈՒՆ   Դաս 6 Գործնական խնդիր   1•2

Գրել

_____

_____

_____

Անուն ____________________ Ամսաթիվ ____________

Լուծել: Առաջինն արդեն արվել է ձեզ համար:

Գրեք կապ՝ մնացած 10+ փաստի համար:

1. 9 + 2 = 11   2 + 9 = 11

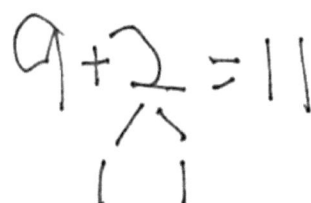

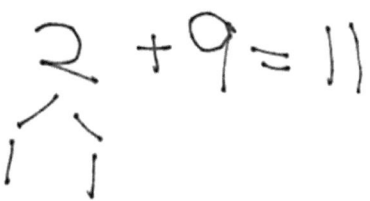

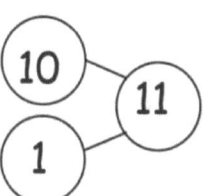

2. 9 + 6 = ____   6 + 9 = ____

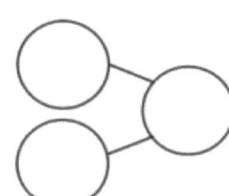

3. 7 + 9 = ____   9 + 7 = ____

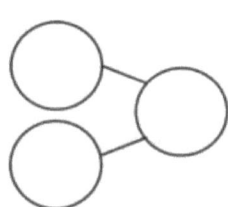

Ձեր մտածողությունը ցույց տալու համար օգտագործեք թվային կապեր: Գրեք հարակից 10+ փաստ:

4. 9 + 4 = ____   ____ + ____ = ____

5. 3 + 9 = ____   ____ + ____ = ____

6. 9 + 5 = ____   ____ + ____ = ____

ՄԻԱՎՈՐՆԵՐԻ ՊԱՏՄՈՒԹՅՈՒՆ   Դաս 6 Խնդիրներ   1•2

7. Ընտրեք հավասար արտահայտությունները:

   ա. 9 + 3   10 + 4

   բ. 5 + 9   10 + 0

   գ. 9 + 6   10 + 2

   դ. 8 + 9   10 + 5

   ե. 9 + 7   10 + 7

   զ. 9 + 1   10 + 6

8. Լրացրեք լրացուցիչ նախադասությունները՝ դրանք ճշմարիտ դարձնելու համար:

   ա. 2-ը + 10-ը = _____   բ. 7 + 9 = _____   գ. _____ + 10 = 14

   դ. 3 + 9 = _____   ե. 3 + 10 = _____   զ. _____ + 9 = 14

   է. 10 + 9 = _____   ը. 8 + 9 = _____   թ. _____ + 7 = 17

   ժ. 5 + 9 = _____   ի. _____ + 10 = 18   լ. _____ + 9 = 17

   մ. 6 + 10 = _____   ն. _____ + 9 = 16

Անուն ______________________________ Ամսաթիվ ______________

1. Լուծել: Ձեր մտածողությունը ցույց տալու համար օգտագործեք թվային կապեր: Գրեք կապ՝ հարակից 10+ փաստի համար:

$9 + 5 =$ _____ $\quad$ $5 + 9 =$ _____

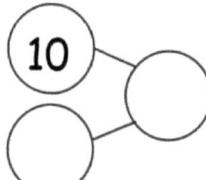

2. Լուծել: Գծեք մեկ տող՝ համապատասխանեցնելու փաստերը և գրելու ևս 10+ փաստ:

ա. $9 + 7 =$ _____	_____ $= 9 + 8$	_____
բ. _____ $= 6 + 9$	$7 + 9 =$ _____	10 + 6 = 16
գ. $8 + 9 =$ _____	$9 + 6 =$ _____	_____

EUREKA MATH Դաս 6. Տասը կազմելու համար օգտագործեք կոմուտատիվ հատկությունը: 37

Copyright © Great Minds PBC

Կարդալ

Սթեյսին նկարել է 6 նկար: Մեթյուն նկարել է 2 նկար: Թիմը նկարել է 4 նկար: Քանի՞ նկար են կազմել ընդհանուր առմամբ: Պատմությանը համապատասխանելու համար օգտագործեք նկար, թվային նախադասություն և պնդում:

Գծել

Դաս 7. Կազմեք տասը, երբ գումարելիներից մեկը 8 է:

ՄԻԱՎՈՐՆԵՐԻ ՊԱՏՄՈՒԹՅՈՒՆ   Դաս 7 Գործնական խնդիր   1•2

Գրել

_____

_____

_____

Դաս 7.   Կազմեք տասը, երբ գումարելիներից մեկը 8 է:

ՄԻԱՎՈՐՆԵՐԻ ՊԱՏՄՈՒԹՅՈՒՆ Դաս 7 Խնդիրներ 1•2

Անուն _____ Ամսաթիվ _____

(Շրջանակի մեջ առեք) ցույց տալու համար, թե ինչպես եք տասը կազմել, ինչն օգնել է ձեզ լուծել խնդիրը:

1. Ջոնն ունի 8 թենիսի գնդակ: Տոնին ունի 5: Քանի՞ թենիսի գնդակ կա ընդհանուր առմամբ:

   ՕՕՕՕՕՕՕՕ   ՕՕՕՕՕ
   Ջոն   Տոնի

   8 և _____ հավասար է _____ :

   10 և _____ հավասար է _____ :

   Ջոնն ու Տոնը ունեն _____ թենիսի գնդակ միասին:

2. Բոբը ունի 8 չամիչ, իսկ Ջենին՝ 4: Քանի՞ չամիչ ունեն միասին:

   8 և _____ հավասար է _____ :

   10 և _____ հավասար է _____ :

   Բոբը և Ջենին ունեն ընդամենը _____ չամիչ:

Դաս 7. Կազմեք տասը, երբ գումարելիներից մեկը 8 է:

3. Դասարանի աջ կողմում կա 3 աթոռ, իսկ ձախ կողմում՝ 8: Ընդամենը քանի՞ աթոռ կա դասարանում:

8 և _______ հավասար է _______ :

10 և _______ հավասար է _______ :

Կա ընդամենը աթոռ: _______

4. Գորգին նստած է 7 երեխա, իսկ 8 երեխա՝ կանգնած: Քանի՞ երեխա կա ընդամենը:

8 և _______ հավասար է _______ :

10 և _______ հավասար է _______ :

Կա ընդամենը երեխա: _______

ՄԻԱՎՈՐՆԵՐԻ ՊԱՏՄՈՒԹՅՈՒՆ | Դաս 7 Ստուգողական աշխատանք | 1•2

Անուն _____ Ամսաթիվ _____

(Շրջանակի մեջ առեք) Նկարեք, նշեք և ցույց տվեք, թե ինչպես ես տասը ստացել, ինչը կօգնի ձեզ լուծել:

Գրեք թվային նախադասությունները, որոնք օգտագործել եք լուծելու համար:

Նիկը մի քանի պղպեղ է հավաքում: Նա հավաքում է 5 կանաչ պղպեղ և 8 կարմիր պղպեղ: Քանի՞ պղպեղ է նա հավաքել ընդհանուր առմամբ:

8-ը և _____ հավասար է _____ :

10-ը և _____ հավասար է _____ :

Նիկ հավաքում է _____ պղպեղ

Դաս 7. Կազմեք տասը, երբ գումարելիներից մեկը 8 է:

Կարդալ

Մի օր ծառը կորցրեց 8 տերև, իսկ 4-ը մնաց հաջորդ օրը։ Երկու օրվա վերջում քանի՞ տերև կորցրեց ծառը։ Պատմությանը համապատասխանելու համար օգտագործեք նկար, թվային նախադասություն և պնդում:

Լրացուցիչ. Երրորդ օրը ծառը կորցրեց 6 տերև։ Քանի՞ տերև կորցրեց այն մինչև երրորդ օրվա վերջը։

ԳԾեԼ

ՄԻԱՎՈՐՆԵՐԻ ՊԱՏՄՈՒԹՅՈՒՆ   Դաս 8 Գործնական խնդիր   1•2

Գրել

_____

_____

_____

Դաս 8.   Կազմեք տասը, երբ գումարելիներից մեկը 8 է:

Անուն ______________________ Ամսաթիվ ____________

Շրջանակի մեջ առեք տասը ստանալու համար: Գրեք 10+ թվային նախադասություն և լուծեք:

1. Թոմն ունի ընդամենը 8 ոսկի ձկնիկ և 5 սկալյառիի: Քանի՞ ձուկ ունի Թոմը ընդհանուր առմամբ:

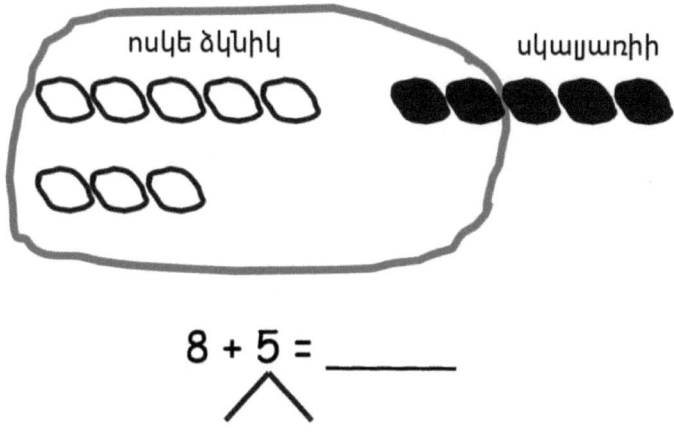

8 + 5 = ______

10 ձուկ + ______ ձուկ = ______ ձուկ

Ստացեք տասը՝ շրջանակի մեջ վերցնելով, ապա լուծեք:

2. 8 + 3 = ____

10 + ______ = ______

3. 4 + 8 = ____

10 + ______ = ______

ՄԻԱՎՈՐՆԵՐԻ ՊԱՏՄՈՒԹՅՈՒՆ Դաս 8 Խնդիրներ 1•2

Լուծել: Գծեք մաթեմատիկական գծագրեր՝ օգտագործելով տասի շրջանակը, ցույց տալու համար ինչպես եք կազմել տասը լուծելու համար:

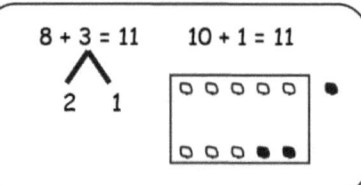

8 + 3 = 11
2 1

10 + 1 = 11

4. 8 + 4 = ____ ____ + ____ = ____

5. 6 + 8 = ____ ____ + ____ = ____

6. 8 + 5 = ____ ____ + ____ = ____

Լուծել: Օգտագործեք թվային կապը՝ ցույց տալու համար, թե ինչպես եք տասը կազմել:

7. 5 + 8 = ____

8. ____ = 8 + 7

Անուն ____________________ Ամսաթիվ ____________

Լուծելու համար պատրաստեք մաթեմատիկական գծագրեր՝ օգտագործելով տասը շրջանակը: Վերաշարադրեք որպես 10+ թվային նախադասությունը:

1. 6 + 8 = ____

10-ը + ____ = ____

2. ____ = 4 + 8

____ + ____ = ____

Կարդալ

Առնվազն 8 հատ ընկույզ հայտնաբերեց մի սկյուռ, ցերեկը՝ 5 ընկույզ, և երեկոյան 2 ընկույզ։ Սկյուռիկը քանի՞ ընկույզ է գտել։

Լրացուցիչ. Հաջորդ օրը սկյուռը հայտնաբերեց առավոտյան ևս 3 ընկույզ, ցերեկը ևս 1, երեկոյան ևս 1 հատ։
Քանի՞ հատ է նա հավաքել երկու օրվա ընթացքում։

Գծել

Դաս 9. Համեմատեք հաշվելու արդյունավետությունը և տասը կազմելը, երբ գումարելիներից մեկը 8 է։

Գրել
___

___

___

ՄԻԱՎՈՐՆԵՐԻ ՊԱՏՄՈՒԹՅՈՒՆ   Դաս 9 Խնդիրներ   1•2

Անուն _____   Ամսաթիվ _____

Դարձրեք տասը՝ լուծելու համար: Օգտագործեք թվային կապը՝ ցույց տալու համար, թե ինչպես եք հանել 2 տասից:

1. Բենն ունի 8 կանաչ խաղող և 3 մանուշակագույն խաղող: Քանի՞ խաղող ունի նա:

   8 + 3 = _____   10 + _____ = _____

   Բենն ունի _____ խաղող:

2. 8 + 4 = _____   10 + _____ = _____

Ձեր մտածողությունը ցույց տալու համար օգտագործեք թվային կապեր: Գրեք 10+ փաստ

3. 8 + 5 = _____   _____ + _____ = _____

4. 8 + 7 = _____   _____ + _____ = _____

5. 4 + 8 = _____   _____ + _____ = _____

6. 7 + 8 = _____   _____ + _____ = _____

7. 8 + _____ = 17   _____ + _____ = _____

ՄԻԱՎՈՐՆԵՐԻ ՊԱՏՄՈՒԹՅՈՒՆ　　　Դաս 9 Խնդիրներ

Ավարտեք գումարման նախադասությունները և թվային կապերը:

8. ա. 10 + 1 = ___　　　բ. 8 + 3 = ___

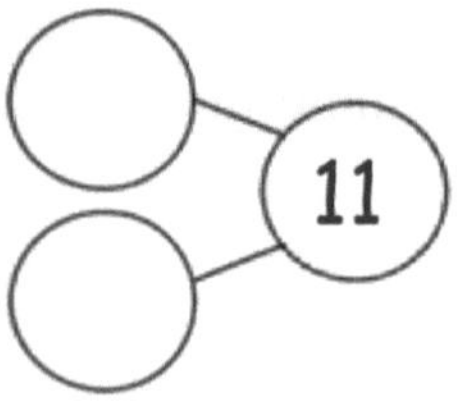

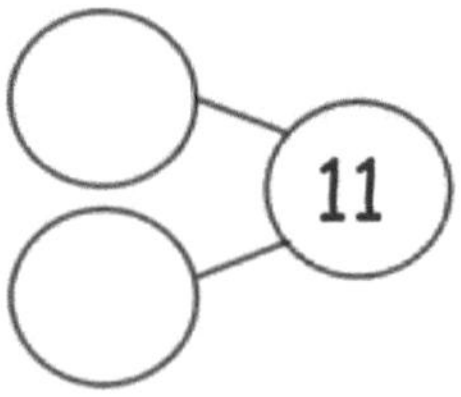

9. ա. 10 + 5 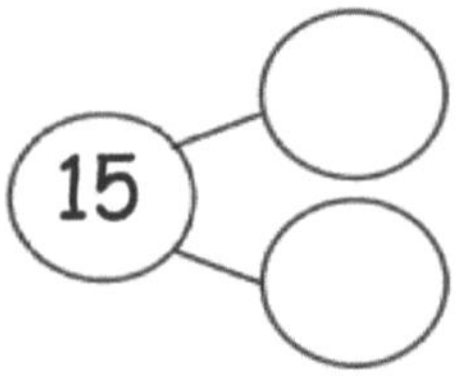 = ___　　　բ. 8 + 7 = ___

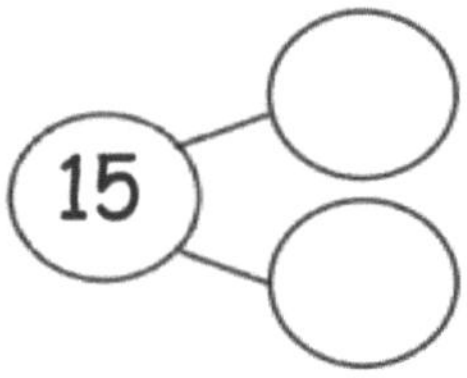

10. ա. 10 + 6 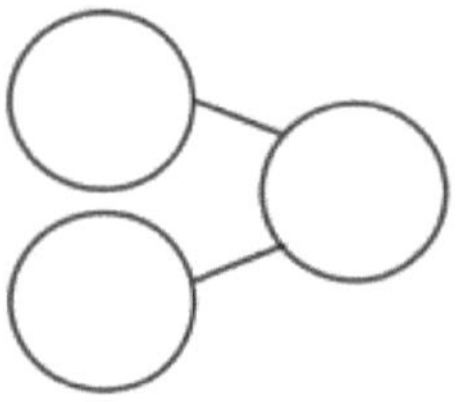 = ___　　　բ. 8 + 8 = ___

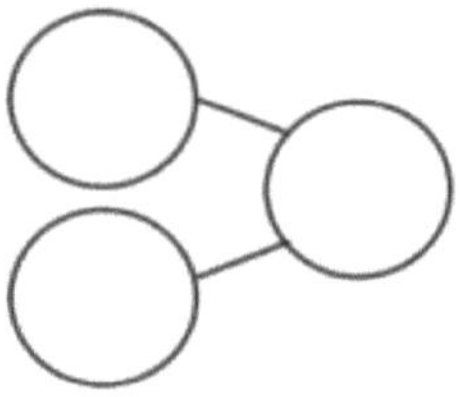

11. ա. 2 + 10 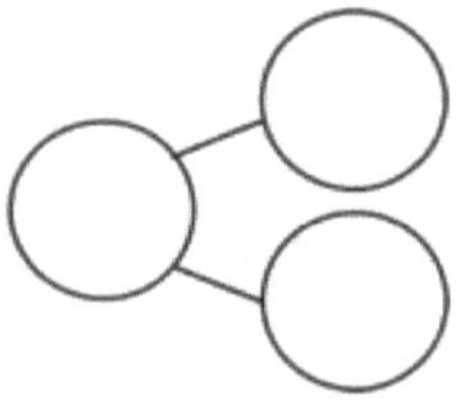 = ___　　　բ. 4 + 8 = ___

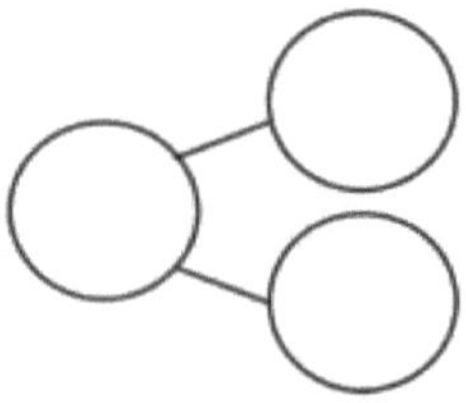

12. ա. 4 + 10 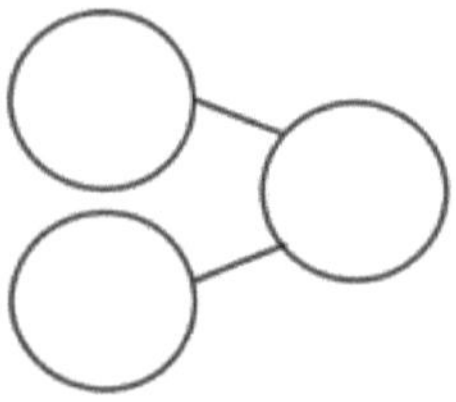 = ___　　　բ. 6 + 8 = ___

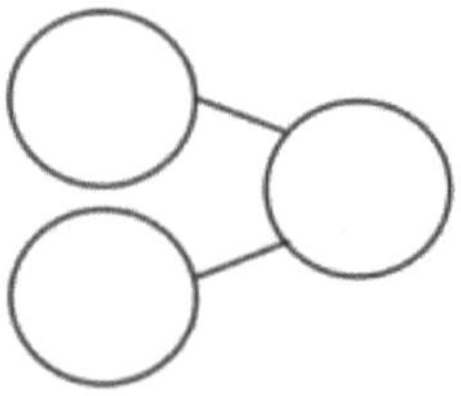

Դաս 9. Համեմատեք հաշվելու արդյունավետությունը և տասը կազմելը, երբ գումարելիներից մեկը 8 է:

Անուն _____ Ամսաթիվ _____

1. Սեյլան իր հավաքածուի մեջ ունի 3 նամականիշ։ Նրա հայրը նրան տալիս է ևս 8 նամականիշ։ Քանի՞ նամականիշ ունի նա այժմ։ Ցույց տվեք, թե ինչպես եք տասը կազմում և գրեք 10+ փաստ։

3 + 8 = _____   10 + _____ = _____

2. Ավարտեք գումարման նախադասությունները և թվային կապերը։

ա. 8 + 6 = _____   բ. 10 + _____ = 14

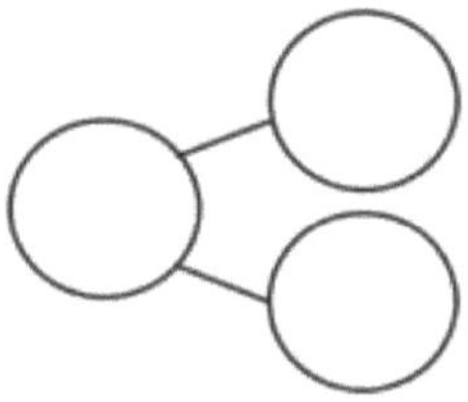

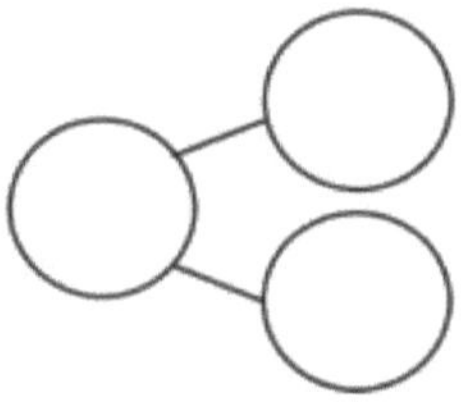

Դաս 9. Համեմատեք հաշվելու արդյունավետությունը և տասը կազմելը, երբ գումարելիներից մեկը 8 է։

Կարդալ

Դասարանի դռան կողքին կար 4 կոշիկ, միջանցքում 8 կոշիկ, իսկ ուսուցչի սեղանի մոտ 6 կոշիկ: Քանի՞ կոշիկ կար ընդամենը:

Լրացուցիչ. Ընդամենը քանի՞ զույգ կոշիկ կար:

Գծել

ՄԻԱՎՈՐՆԵՐԻ ՊԱՏՄՈՒԹՅՈՒՆ · Դաս 10 Գործնական խնդիր 1•2

Գրել

_____

_____

_____

ՄԻԱՎՈՐՆԵՐԻ ՊԱՏՄՈՒԹՅՈՒՆ Դաս 10 Խնդիրներ 1•2

Անուն _____ Ամսաթիվ _____

Լուծել: Անհրաժեշտության դեպքում օգտագործեք թվային կապեր կամ 5-խմբային նկարներ: Գրեք հավասար տասը գումարած թվային նախադասություն:

1. 4 + 9 = ___

2. 6 + 8 = ___

3. 7 + 4 = ___

10 + ___ = ___

10 + ___ = ___

10 + ___ = ___

4. Միավորեք հավասար արտահայտությունները:

ա. 9 + 3   10 + 1

բ. 5 + 8   10 + 4

գ. 9 + 6   10 + 2

դ. 8 + 9   10 + 5

ե. 4 + 7   10 + 7

զ. 6 + 8   10 + 3

Դաս 10.   Լուծեք 7, 8 և 9 գումարելիների հետ կապված խնդիրները:

Ավարտեք գումարման նախադասությունները՝ դրանք ճիշտ դարձնելու համար:

ա.	բ.	գ.
5. 9 + 2 = ___	8 + 4 = ___	7 + 5 = ___
6. 9 + 5 = ___	8 + 3 = ___	7 + 6 = ___
7. 6 + 9 = ___	6 + 8 = ___	4 + 7 = ___
8. 7 + 9 = ___	5 + 8 = ___	7 + 7 = ___
9. 9 + ___ = 17	8 + ___ = 16	7 + ___ = 16
10. ___ + 9 = 15	___ + 8 = 15	___ + 7 = 17

Անուն _____ Ամսաթիվ _____

Լուծել: Անհրաժեշտության դեպքում օգտագործեք թվային կապեր կամ 5-խմբային նկարներ: Գրեք հավասար տասը գումարած թվային նախադասություն:

ա.
9 + 5 = ___

10 + ___ = ___

բ.
8 + 4 = ___

10 + ___ = ___

գ.
7 + 6 = ___

10 + ___ = ___

Դաս 10. Լուծեք 7, 8 և 9 գումարելիների հետ կապված խնդիրները:

Կարդալ

Նիկոլասը գնեց 9 կանաչ խնձոր և 7 կարմիր խնձոր: Սոֆիան գնեց 10 կարմիր խնձոր և 6 կանաչ խնձոր: Սոֆիան կարծում է, որ նա ավելի շատ խնձոր ունի, քան Նիկոլասը: Արդյո՞ք նա ճիշտ է: Ընտրեք այնպիսի ռազմավարություն, որը դուք սովորել եք, ձեր աշխատանքը ցույց տալու համար: Այնուհետև գրեք թվային նախադասություններ՝ ցույց տալու համար, թե Նիկոլասը և Սոֆիան յուրաքանչյուրը քանի խնձոր ունի:

Գծել

Դաս 11. Կիսվեք և քննադատեք ընկերների լուծման ռազմավարությունները՝ գումարման համար՝ բոլորովին անհայտ բառային խնդիրների համար:

Գրել

Անուն ______________________________ Ամսաթիվ ______________

Ջերեմին գրպանում ուներ 7 մեծ քար և 8 փոքր քար:

Քանի՞ քար ունի Ջերեմին:

1. Շրջանակի մեջ վերցրեք աշակերտների աշխատանքը, որոնք ճիշտ համապատասխանում են պատմությանը:

a.

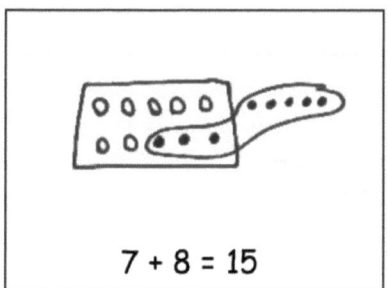

7 + 8 = 15

b.

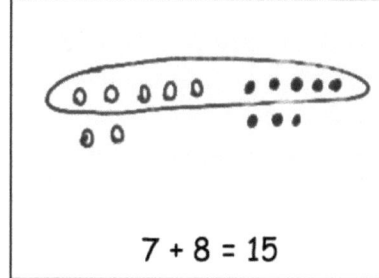

7 + 8 = 15

c.

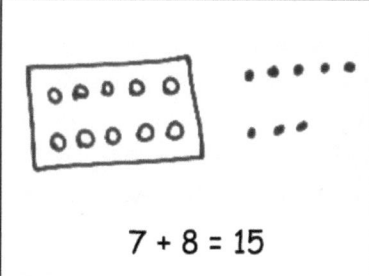

7 + 8 = 15

d.

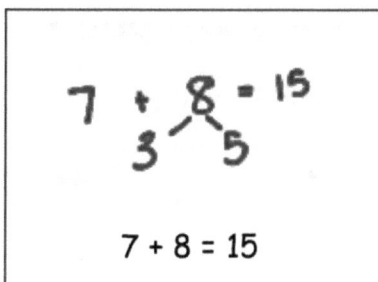

7 + 8 = 15

e.

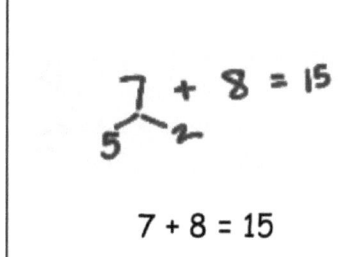

7 + 8 = 15

f.

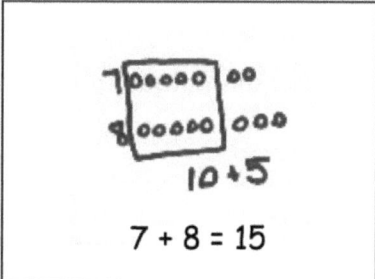

7 + 8 = 15

2. Ուղղեք այն աշխատանքը, որը սխալ էր՝ ստորև նշված տարածքում նոր նկար նկարելով, որը կհամապատասխանի թվային նախադասությանը:

Լուծեք ինքնուրույն: Ցույց տվեք ձեր մտածողությունը՝ նկարելով կամ գրելով: Գրեք պնդում՝ հարցին պատասխանելու համար:

3. Խնջույքի համար կա 4 վանիլային կեքս և 8 շոկոլադե կեքս: Քանի՞ կեքս էր պատրաստվել երեկույթի համար:

---

4. Խաղահրապարակում կա 5 աղջիկ և 7 տղա: Քանի՞ աշակերտ է խաղահրապարակում:

Ավարտելուց հետո, ձեր լուծումները կիսեք ընկերոջ հետ: Ինչպե՞ս լուծեց ձեր ընկերը յուրաքանչյուր խնդիրը: Պատրաստ եղեք կիսվել, թե ինչպես է ձեր ընկերը լուծել խնդիրները:

Անուն ________________________ Ամսաթիվ ____________

Ջոնը կարծում է, որ ստորև խնդիրը պետք է լուծվի 5-խմբային գծագրերի միջոցով, իսկ Սյուն կարծում է, որ այն պետք է լուծվի թվային կապի միջոցով: Լուծեք երկու եղանակով, ապա շրջանակի մեջ առեք ռազմավարությունը, որը կարծում եք առավել արդյունավետ է:

Քիմը 5 գոլ է խփում իր ֆուտբոլային խաղում և 8 պտույտներ իր փափուկ գնդակի խաղում: Քանի՞ միավոր է նա ընդհանուր առմամբ վաստակում:

Ջոնի աշխատանքը

Սյուի աշխատանքը

Դաս 11. Կիսվեք և քննադատեք ընկերների լուծման ռազմավարությունները՝ գումարման համար՝ բոլորովին անհայտ բառային խնդիրների համար:

Կարդալ

Կլաուդիան գնել է 8 կարմիր խնձոր և 9 կանաչ խնձոր։ Քանի՞ խնձոր ունի ընդհանուր առմամբ Կլաուդիան։ Մաթեմատիկական գծագիր գծեք, գրեք թվային արտահայտություն՝ ցույց տալու համար, թե ինչու է դա ամենալավը։

Լրացուցիչ. Կլաուդիան կերավ 3 կարմիր խնձոր, իսկ նրա ընկերուհին կերավ 4 կանաչ խնձոր։ Քանի՞ խնձոր ունի այժմ Կլաուդիան։

Նկարեք

ՄԻԱՎՈՐՆԵՐԻ ՊԱՏՄՈՒԹՅՈՒՆ | Դաս 12 Գործնական խնդիր | 1•2

Գրեք

_____

_____

_____

Դաս 12. Լուծեք բառային խնդիրները՝ հանելով 9-ը 10-ից:

Անուն ______________________________ Ամսաթիվ ______________

Գծեք պարզ մաթեմատիկական նկար:
Ջնջեք 10-ից միավորները կամ այլ մասերը, որպեսզի ցույց տաք, թե ինչ է տեղի ունենում պատմություններում:

1. Բիլն ունի 16 խաղող: 10-ը մեկ ողկույզի վրա են, իսկ 6-ը՝ գետնին: Բիլը կերավ 9 խաղող ողկույզի վրայից: Քանի՞ խաղող է թողել Բիլը:

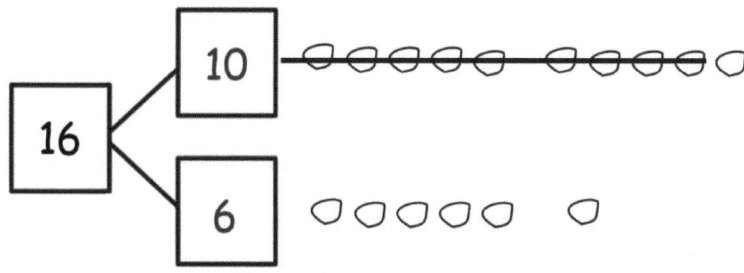

Բիլն ունի _____ խաղող այժմ:

2. 12 գորտը լճակում է: 10-ը շուշանի թերթի վրա են, իսկ 2-ը՝ ջրի մեջ: 9 գորտ դուրս թռավ շուշանի թերթից և դուրս թռավ լճակից: Քանի՞ գորտ կա լճակում:

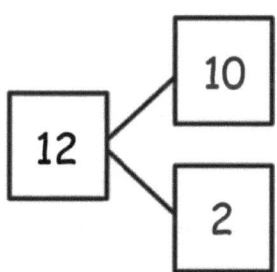

Լճակում կա _____ գորտ:

3. Քիմն ունի 14 պիտակ: Առաջին էջի վրա 10 պիտակ կա, իսկ 4-ը պիտակ կա երկրորդ էջում: Քիմը առաջին էջից կորցնում է 9 պիտակ: Քանի՞ պիտակ կա նրա գրքում:

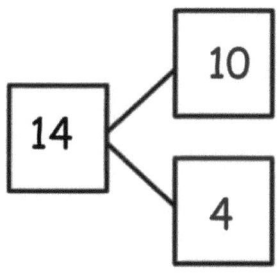

Քիմն ունի _____ պիտակներ իր գրքում:

4. 10 ձու ստվարաթղթի մեջ է, իսկ 5 ձու՝ ամանի մեջ: Զոի հայրը ստվարաթղթից եփում է 9 ձու: Քանի՞ ձու է մնացել:

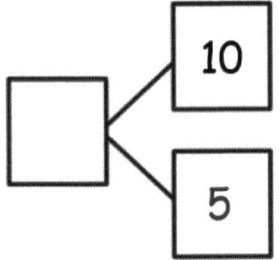

Մնաց _____ ձու:

---

5. Յանան սեղանի վրա ուներ 10 փաթեթավորած նվեր, իսկ հատակին՝ 7 փաթեթավորած: Նա բացեց սեղանի վրայի 9 նվեր: Քանի նվեր է դեռ փաթաթված:

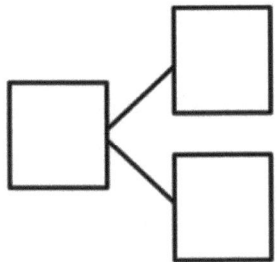

Յանան դեռ ունի _____ փաթեթավորված նվեր:

---

6. Սկուտեղի վրա կա 10 կեքս, իսկ սեղանին՝ 8:
Սկուտեղի վրա կա 9 վանիլային կեքս: Մնացած կեքսերը շոկոլադե են: Քանի՞ կեքսն է շոկոլադե:

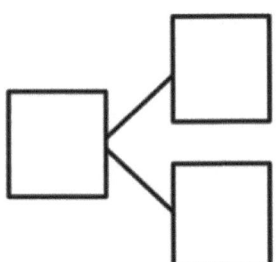

Կա _____ շոկոլադե կեքս:

Անուն ______________________________ Ամսաթիվ ______________

Գծեք պարզ մաթեմատիկական նկար: Ջնջեք 10-ից միավորները, որպեսզի ցույց տաք, թե ինչ է տեղի ունենում պատմության մեջ:

Սեղանի վրա կար 16 գիրք: 10 գիրք դինոզավրերի մասին էր: 6 գիրք ձկների մասին էր: Մի ուսանող վերցրեց դինոզավրերի մասին 9 գիրք: Քանի՞ գիրք մնաց սեղանին:

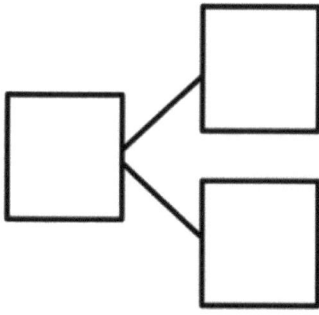

Սեղանին մնաց _____ գիրք:

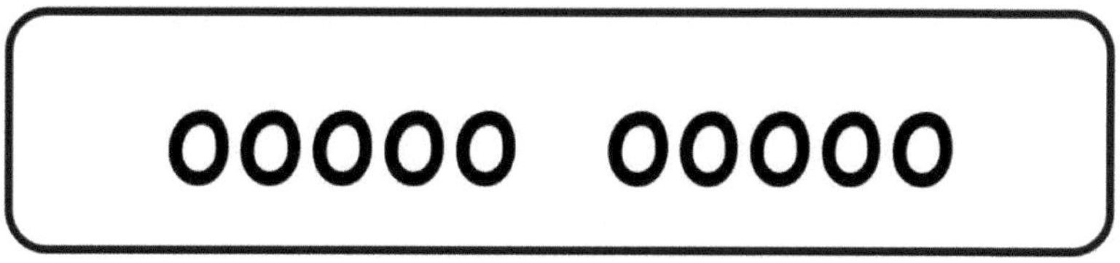

ՄԻԱՎՈՐՆԵՐԻ ՊԱՏՄՈՒԹՅՈՒՆ Դաս 12 Գիտելիքների ստուգման ձևանմուշ 2 1•2

OOOOO OOOOO

5-խմբի շարքի ներդիր

Դաս 12. Լուծեք բառային խնդիրները՝ հանելով 9-ը 10-ից:

ՄԻԱՎՈՐՆԵՐԻ ՊԱՏՄՈՒԹՅՈՒՆ — Դաս 13 Գործնական խնդիր 1•2

Կարդալ

Տասը ձյան փաթիլ ընկավ Սեմի ձեռնոցի վրա, իսկ 6-ը ընկավ նրա վերարկուի վրա։ Սեմի ձեռնոցի վրայի ձյան փաթիլներից 9-ը հալվեցին։ Քանի՞ ձյան փաթիլ մնաց։ Գրեք հանման արտահայտություն՝ ցույց տալու համար, թե քանի ձյան փաթիլ մնաց։

Նկարեք

Դաս 13. Լուծեք բառային խնդիրները՝ հանելով 9-ը 10-ից։

Գրեք

ՄԻԱՎՈՐՆԵՐԻ ՊԱՏՄՈՒԹՅՈՒՆ   Դաս 13 Խնդիրներ   1•2

Անուն _____   Ամսաթիվ _____

Լուծեք: Օգտագործեք 5-խմբակային շարքերը և ջնջումը՝ ձեր աշխատանքը ցուցադրելու համար:

1. Մայքն ունի 10 բլիթ ափսեի մեջ և 3 թխվածքաբլիթ տուփի մեջ: Նա ափսեից ուտում է 9 բլիթ: Քանի՞ բլիթ է մնացել:

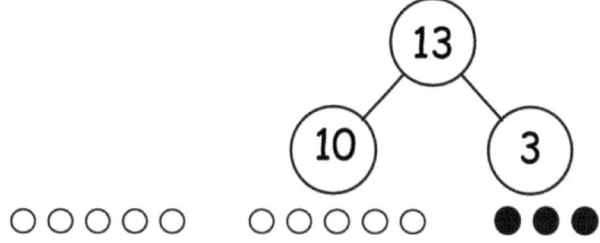

   Մայքի մոտ մնաց _____ թխվածքաբլիթ:

2. Ֆրանը տուփի մեջ ունի 10 գունավոր մատիտ և 5 գունավոր մատիտ՝ սեղանի վրա: Ֆրանը տուփից Բոբին է տալիս 9 գունավոր մատիտ: Քանի՞ գունավոր մատիտ է օգտագործել Ֆրենը:

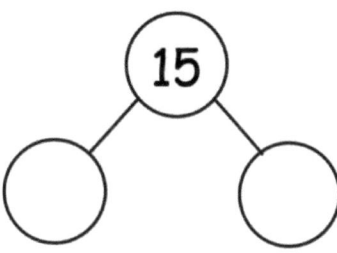

   Ֆրենն ունի _____ գունավոր մատիտ՝ օգտագործման համար:

3. 10 բադերը լճակում են, իսկ 7 բադը՝ ցամաքում: Լճակի մեջ գտնվող բադերից 9-ը նորածիններ են, իսկ մնացած բադերը մեծահասակներ են: Քանի՞ մեծահասակ բադ կա:

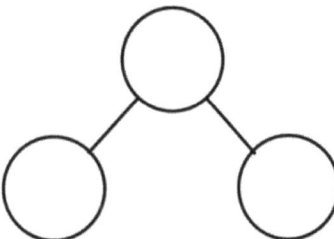

   Կա _____ մեծահասակ բադ:

Դաս 13.   Լուծեք բառային խնդիրները՝ հանելով 9-ը 10-ից:

Ընկերոջդ հետ կազմեք ձեր պատմությունը՝ համապատասխանեցնելու և լուծելու համար թվային նախադասությունները: Կազմեք թվային կապ՝ ամբողջը որպես 10 և մի քանի միավոր ցույց տալու համար:
5-խմբային շարքեր նկարեք՝ ձեր պատմությանը համապատասխան: Գրեք ամբողջական թվային նախադասություն տողի վրա:

4. 16 – 9 = ☐

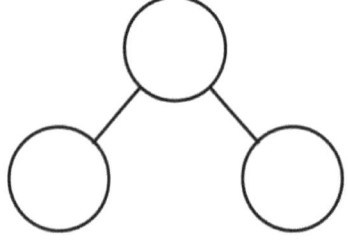

____

5. 12 – 9 = ☐

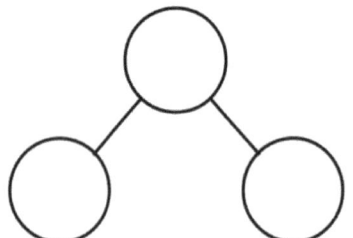

____

6. 19 – 9 = ☐

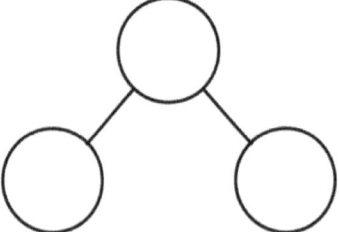

____

Անուն ______________________ Ամսաթիվ ____________

Լուծեք: Լրացրեք թվային կապը: Օգտագործեք 5-խմբակային շարքերը և ջնջումը՝ ձեր աշխատանքը ցուցադրելու համար:

Գաբրիելան իր մազերի վրա ունի 4 մազի ամրակ և ևս 10-ը՝ իր ննջասենյակ:
Նա իր սենյակում եղած մազի ամրակներից 9-ը տալիս է իր քրոջը: Քանի՞ մազի ամրակ ունի այժմ Գաբրիելան:

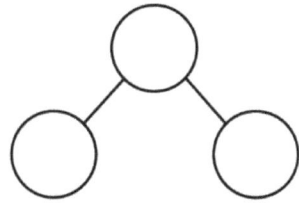

Գաբրիելան ունի ____ մազի ամրակ:

Կարդալ

Սառան իր պայուսակում ունի 6 կապույտ ուլունք, իսկ գրպանում՝ 4 կանաչ ուլունք:

Նա տալիս է 6 կապույտ ու 3 կանաչ ուլունք: Քանի՞ ուլունք նա ունի:

Նկարեք

Գրեք

_____

_____

_____

Դաս 14. Տասից քանը թվերից 9-ի հանման մոդել։

Անուն ______________________ Ամսաթիվ ____________

1. Նկարները համապատասխանեցրեք թվային նախադասությունների հետ:

ա. 11 - 9 = 2

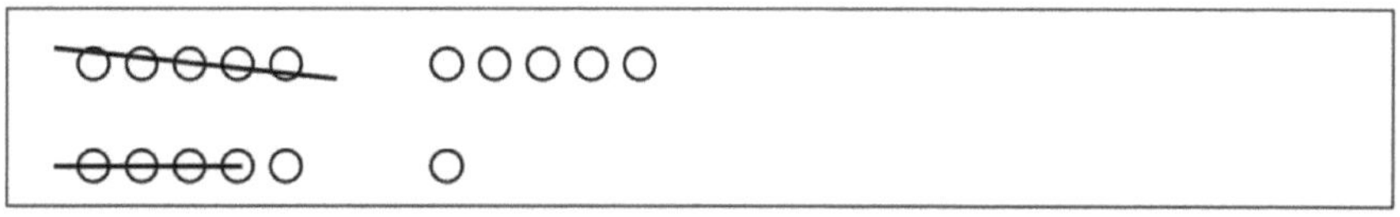

բ. 14 - 9 = 5

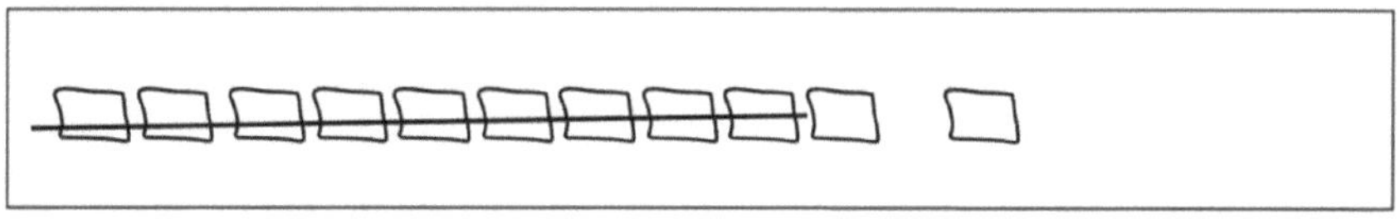

գ. 16 - 9 = 7

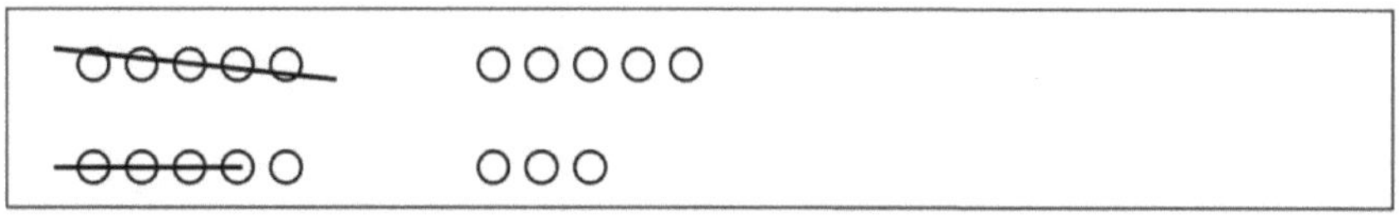

դ. 18 - 9 = 9

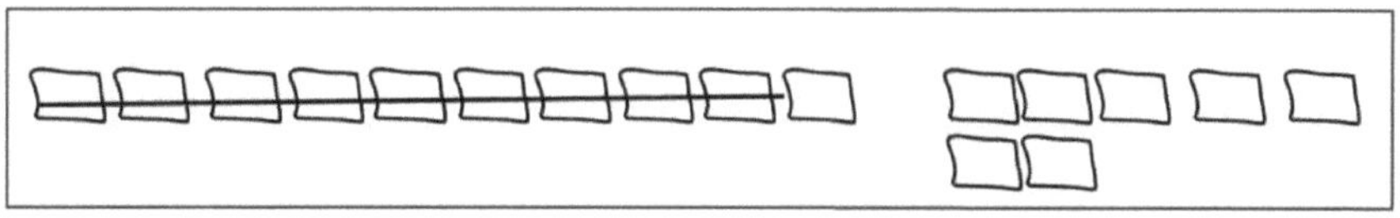

ե. 17 - 9 = 8

Շրջանակի մեջ առեք 10 և հանեք:

2. 12 - 9 = _____

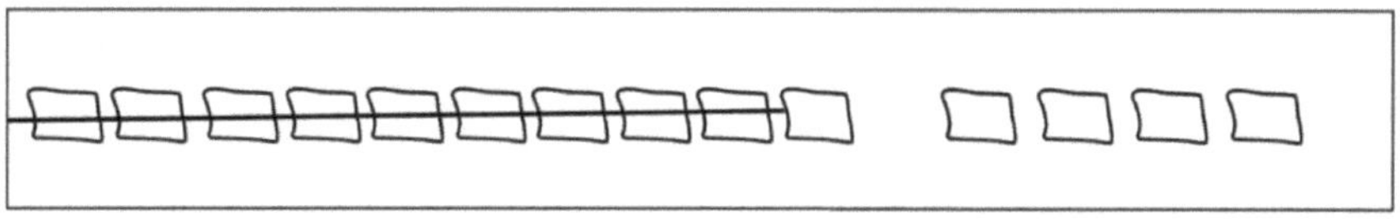

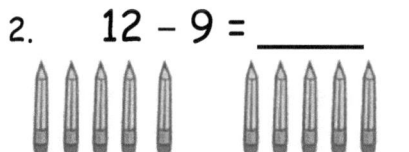

3. 14 - 9 = _____

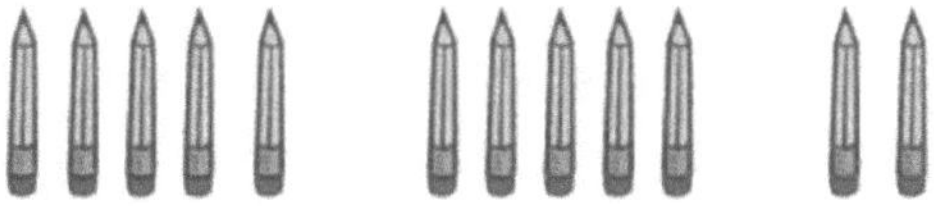

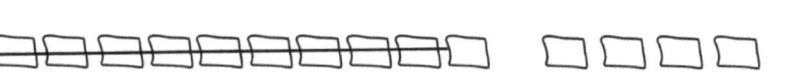

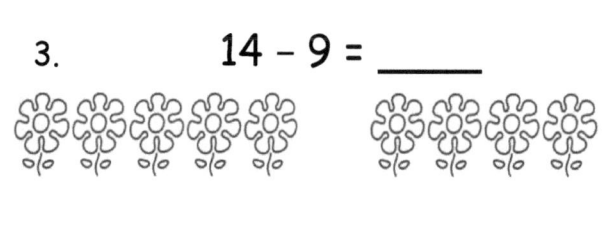

4. 15 – 9 = _____

5. 13 – 9 = _______

6. 16 – 9 = _____

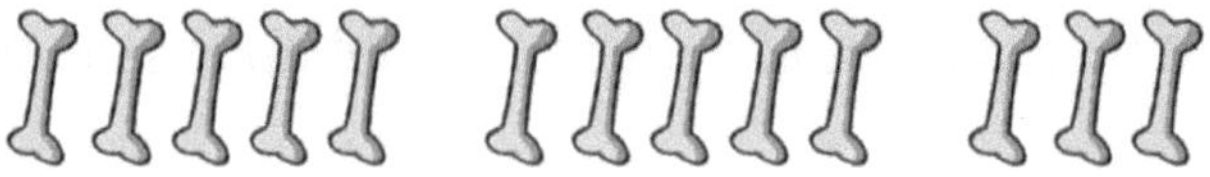

7. 17 – 9 = _____

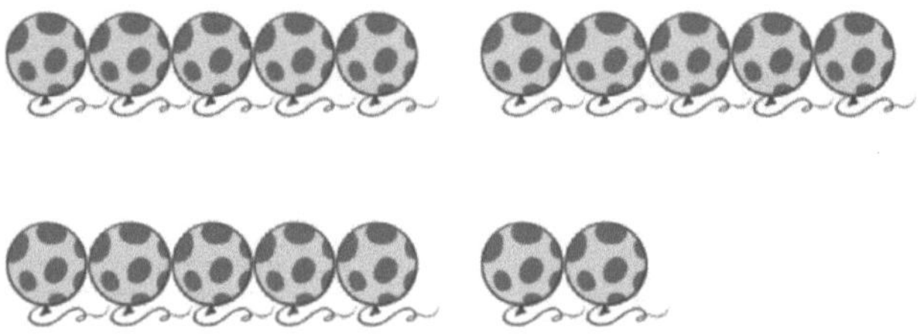

Շրջանակի մեջ առեք Նկարեք և 10: Հետո հանեք:

8. 12 – 9 = _____

9. 13 – 9 = _____

10. 14 – 9 = _____

11. 15 – 9 = _____

Անուն ______________________________ Ամսաթիվ ______________

Շրջանակի մեջ առեք Նկարեք և 10: Լուծեք և նշեք թվային կապ:

1. 17 - 9 = ______

2. 14 - 9 = ______

3. 15 - 9 = ______

4. 18 - 9 = ______

Կարդալ

Զուլիան ունի 7 մարկեր: Մայրը նրան տալի է ևս 8-ը: Նա կորցնում է 9 մարկեր: Քանի՞ մարկեր մնաց նրա մոտ:

Նկարեք

ՄԻԱՎՈՐՆԵՐԻ ՊԱՏՄՈՒԹՅՈՒՆ   Դաս 15 Գործնական խնդիր   1•2

Գրեք

_____

_____

_____

Անուն _____ Ամսաթիվ _____

1. Նկարները համապատասխանեցրեք թվային նախադասությունների հետ:

   ա. 13 – 9 = 4

   բ. 14 – 9 = 5

   գ. 17 – 9 = 8

   դ. 18 – 9 = 9

   ե. 16 – 9 = 7

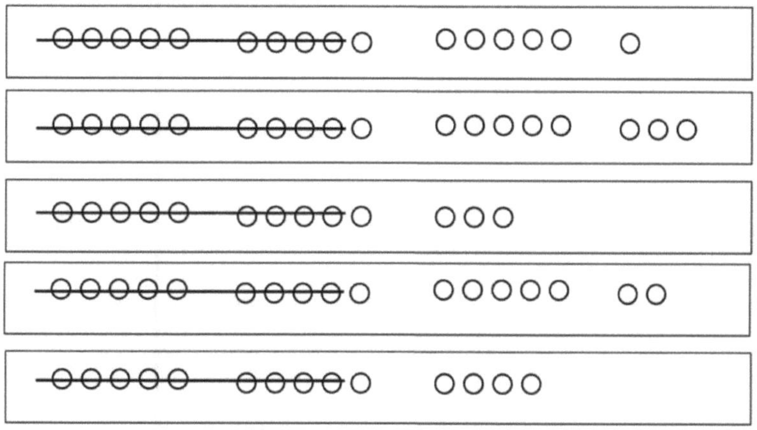

5-խմբային շարքեր նկարեք: Պատկերացրեք, իսկ հետո ջնջեք՝ լուծելու համար: Լրացրեք թվային նախադասությունները:

2. 11 – 9 = ____

3. 13 – 9 = ____

4. 16 – 9 = ____

5. 17 – 9 = ____

Դաս 15. Տասից քսանը թվերից 9-ի հանման մոդել:

6. 14 - 9 = _____

7. 13 - 9 = _____

8. 12 - 9 = _____

9. 15 - 9 = _____

10. Ցույց տվեք, ինչպես ստանալ 10 և ինչպես հանել 10-ից՝ երկու թվային նախադասություններն ավարտելու համար:

ա. 5 + 9 = _____

բ. 14 - 9 = _____

11. Խնդիր 10-ի համար թվային կապ գրեք: Գրեք երկու լրացուցիչ թվային նախադասություն, որոնք օգտագործում են այս թվային կապը:

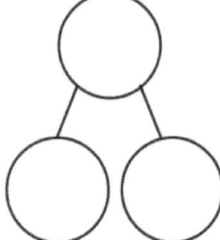

_____________________ _____________________

92 Դաս 15. Տասից քանդը թվերից 9-ի հանման մոդել:

Անուն _____ Ամսաթիվ _____

5-խմբային շարքեր նկարեք և ջնջեք՝ լուծելու համար։ Լրացրեք թվային նախադասությունները։

1. 17 – 9 = ____

2. 19 – 9 = ____

Կարդալ

Կախիչի վրա կար 16 վերարկու: Ինը աշակերտ վերցրեց վերարկուները՝ դուրս գնալու համար: Քանի՞ վերարկու դեռ կա կախիչի վրա:

Լրացուցիչ. Եթե ևս 4 աշակերտ վերցնի իրենց վերարկուները դուրս գալու համար, ապա քանի՞ վերարկու դեռ կախված կլինի:

Նկարեք

Գրեք

_____

_____

_____

Անուն ________________________ Ամսաթիվ ____________

Լուծեք խնդիրը՝ հաշվի առնելով (ա) և օգտագործելով թվային կապը՝ տասից հանելու համար (բ):

1. Լյուսին իր ծննդյան երեկույթին ուներ 12 փուչիկ: Նա տվեց 9 փուչիկ իր ընկերներին: Քանի՞ փուչիկ մնաց նրա մոտ:

ա. 12 - 9 = _____

բ. 12 - 9 = _____

Լյուսիի մոտ մնաց _____ փուչիկ:

---

2. Ջասթինն իր ափսեի մեջ ուներ 15 հապալաս: Նա կերավ նրանցից 9-ը: Քանի՞ հատ է մնացել ուտելու:

ա. 15 - 9 = _____

բ. 15 - 9 = _____

Ջասթինն ունի ____ հապալաս ուտելու համար:

EUREKA MATH Դաս 16. Հաշվի առեք հաշվելը՝ տասը ստանալու և տասից հանելու համար: 97

Լրացրեք հանման նախադասությունները՝ օգտագործելով տասից հանելու ռազմավարությունը և հաշվումը: Ասեք, թե որ ռազմավարությունն եք նախընտրում օգտագործել 3-րդ և 4-րդ խնդիրները:

3. ա. 11 - 9 = ______   բ. 11 - 9 = ____

☐ հանեք տասից

☐ Հաշվեք

4. ա. 18 - 9 = __   բ. 18 - 9 = ____

☐ հանեք տասից

☐ Հաշվեք

5. Մտածեք, թե ինչպես լուծել հետևյալ հանման խնդիրները.

16 – 9	12-ը – 9	18 – 9
11 – 9	15 – 9	14 – 9
13 – 9	19 – 9	17 – 9

Ընտրեք, թե որ խնդիրներն են ավելի հեշտ 9-ից հաշվելու համար, և որոնք են ավելի հեշտ՝ օգտագործելու համար՝ տասի ռազմավարությունից հանելու համար: Գրեք խնդիրները ներքևի վանդակներում:

խնդիրներ, որոնց հետ կարելի է օգտագործել հաշվելու ռազմավարությունը՝	***խնդիրներ, որոնց հետ կարելի է օգտագործել տասից հանելու ռազմավարությունը՝***

Կա՞ն ինչ-որ խնդիրներ, որոնց համար օգտագործե՞լ եք այլ մեթոդ:

ՄԻԱՎՈՐՆԵՐԻ ՊԱՏՄՈՒԹՅՈՒՆ　　　Դաս 16 Ստուգողական աշխատանք　1•2

Անուն _____　Ամսաթիվ _____

Լրացրեք հանման նախադասությունները՝ օգտագործելով և՛ հաշվարկը, և՛ տասից հանելու ռազմավարությունը:

1. ա. 13 - 9 = ____　　　բ. 13 - 9 = ____
　　　　　　　　　　　　　　　∧

2. ա. 17 - 9 = ____　　　բ. 17 - 9 = ____
　　　　　　　　　　　　　　　∧

Դաս 16.　Հաշվի առեք հաշվելը՝ տասը ստանալու և տասից հանելու համար:

Կարդալ

Գիզելան իր պայուսակում ուներ 13 մարկեր: Ութ մարկեր ընկավ պայուսակից:

Քանի՞ մարկեր ունի այժմ Գիզելան:

Նկարեք

Գրեք

Անուն _____ Ամսաթիվ _____

1. Նկարները համապատասխանեցրեք թվային նախադասությունների հետ:

ա. 12 – 8 = 4

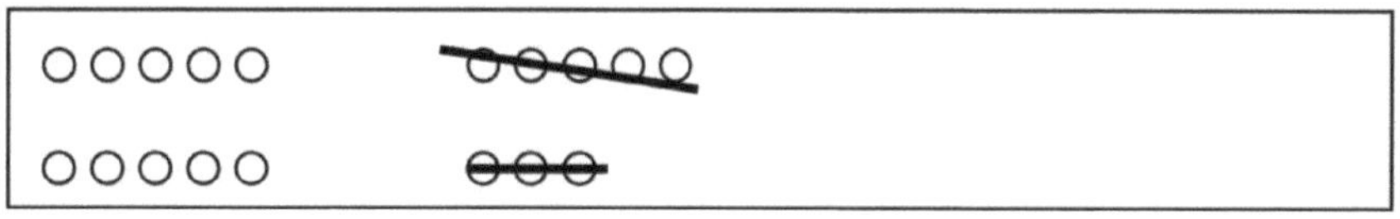

բ. 17 – 8 = 9

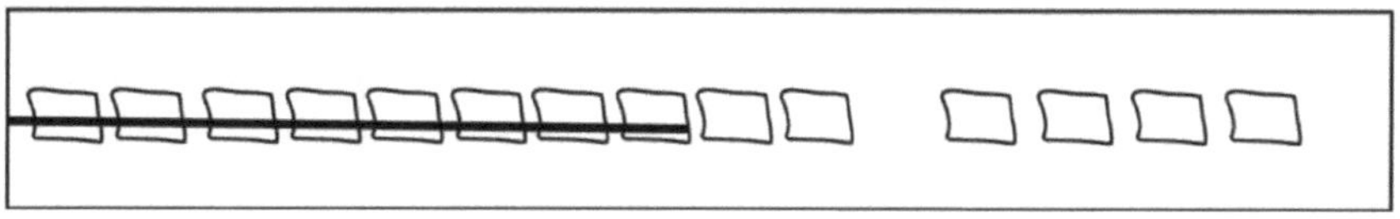

գ. 16 – 8 = 8
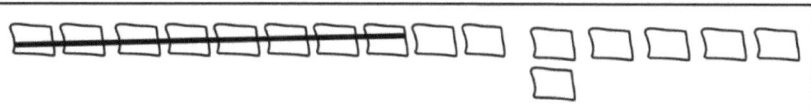

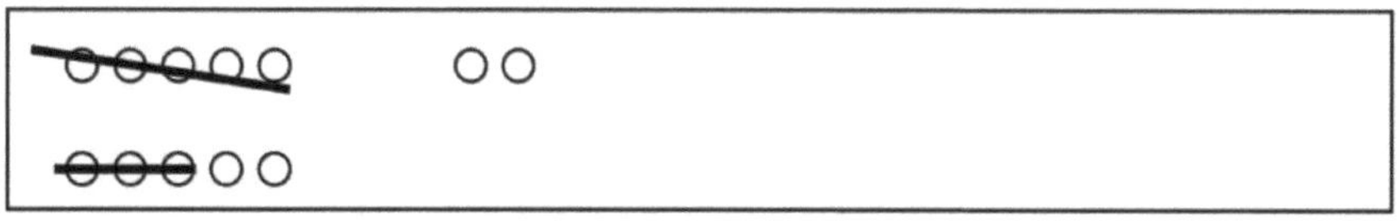

դ. 18 – 8 = 10

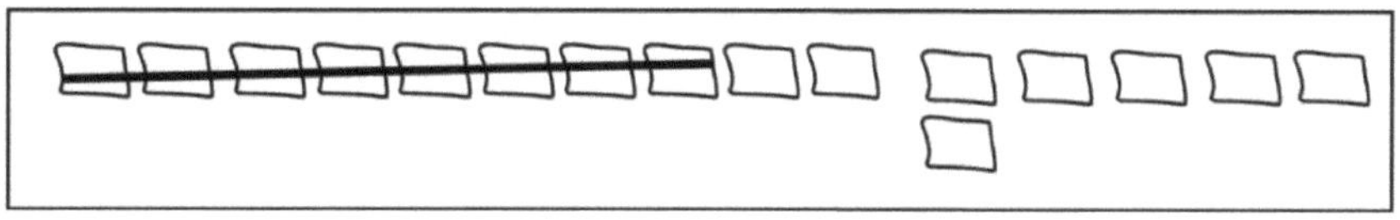

ե. 14 – 8 = 6

Շրջանակի մեջ վերցրեք 10-ը և հանեք

2. 13 – 8 = ____

3. 11 – 8 = ____

4. 15 - 8 = ____

5. 19 - 8 = ____

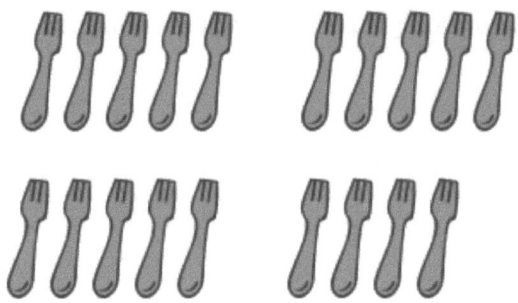

6. 16 - 8 = ____

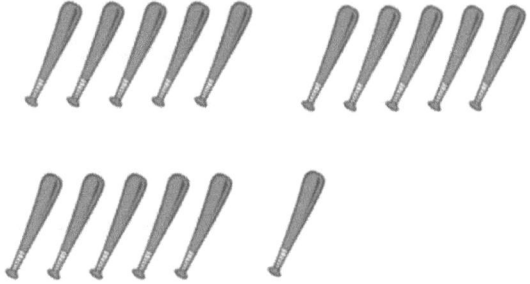

7. 17 - 8 = ____

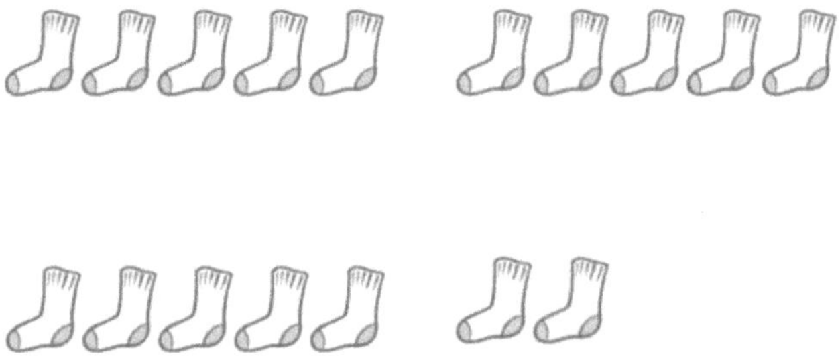

Նկարեք և շրջանակի մեջ վերցրեք 10-ը, բաժանեք տասից քանի միջակայքում թիվը թվային կապով: Հետո հանեք:

8. 12 - 8 = ____

9. 13 - 8 = ____

10. 14 - 8 = ____

11. 15 - 8 = ____

EUREKA MATH

Անուն ____________________ Ամսաթիվ ____________

1. Շրջանակի մեջ առեք Նկարեք և 10: Հետո հանեք:

ա. 12 – 8 = ______	բ. 14 – 8 = ______

2. Օգտագործեք թվային կապ՝ տասից քանի միջակայքում թիվը բաժանելու համար: Հետո հանեք:

15 - 8 = ______

EUREKA MATH Դաս 17. Տասից քանակը թվերից 8-ի հանման մոդել: 105

Կարդալ

Ջուլիան 8 մեքենա գլորում է թեքահարթակով։

Եթե նա սկսեր 15 մեքենայով թեքահարթակի վերևում, քանի՞ մեքենա դեռ կունենար Ջուլիան թեքահարթակի վերևում։

Նկարեք

Գրեք

Անուն ______________________________ Ամսաթիվ ______________

1. Նկարները համապատասխանեցրեք թվային նախադասությունների հետ:

ա. 13 - 8 = 5

բ. 14 - 8 = 6

գ. 17 - 8 = 9

դ. 18 - 8 = 10

ե. 16 - 8 = 8

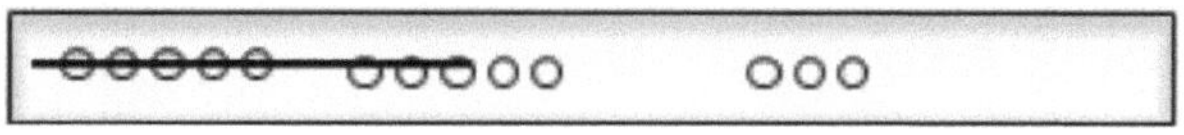

Կազմեք 5-խմբի շարքի մաթեմատիկական գծապատկեր և մի քանի մեկեր՝ հետևյալ խնդիրները լուծելու համար: Գրեք լրացուցիչ նախադասությունը, որը ցույց է տալիս, թե ինչպես ավելացնել մասերը 8-ը կամ 9-ը հանելուց հետո:

2. 11 - 8 = _____ ____________________

3. 12 - 8 = _____ ____________________

4. 15 - 8 = _____ ____________________

| ՄԻԱՎՈՐՆԵՐԻ ՊԱՏՄՈՒԹՅՈՒՆ | Դաս 18 Խնդիրներ |

5. 19 – 8 = _____   _____

6. 16 – 8 = _____   _____

7. 16 – 9 = _____   _____

8. 14 – 9 = _____   _____

9. Ցույց տվեք, թե ինչպես կարելի է տասը ստանալ և հանել տասից, երկու թվային նախադասությունները լուծելու համար:

   ա. 6 + 8 = ____   բ. 14 – 8 = ____

ՄԻԱՎՈՐՆԵՐԻ ՊԱՏՄՈՒԹՅՈՒՆ   Դաս 18 Գնահատման թերթիկ   1•2

Անուն _____ Ամսաթիվ _____

5-խմբային շարքեր նկարեք և ջնջեք՝ լուծելու համար: Լրացրեք թվային նախադասությունները: Գրեք 2+ լրացուցիչ նախադասություն, որոնք կօգնեն ձեզ ավելացնել երկու մասերը:

1. 14 − 8 = ____

   2 + ____ = ____

---

2. 17 − 8 = ____

   2 + ____ = ____

Դաս 18.   Տասից քանը թվերից 8-ի հանման մոդել: 111

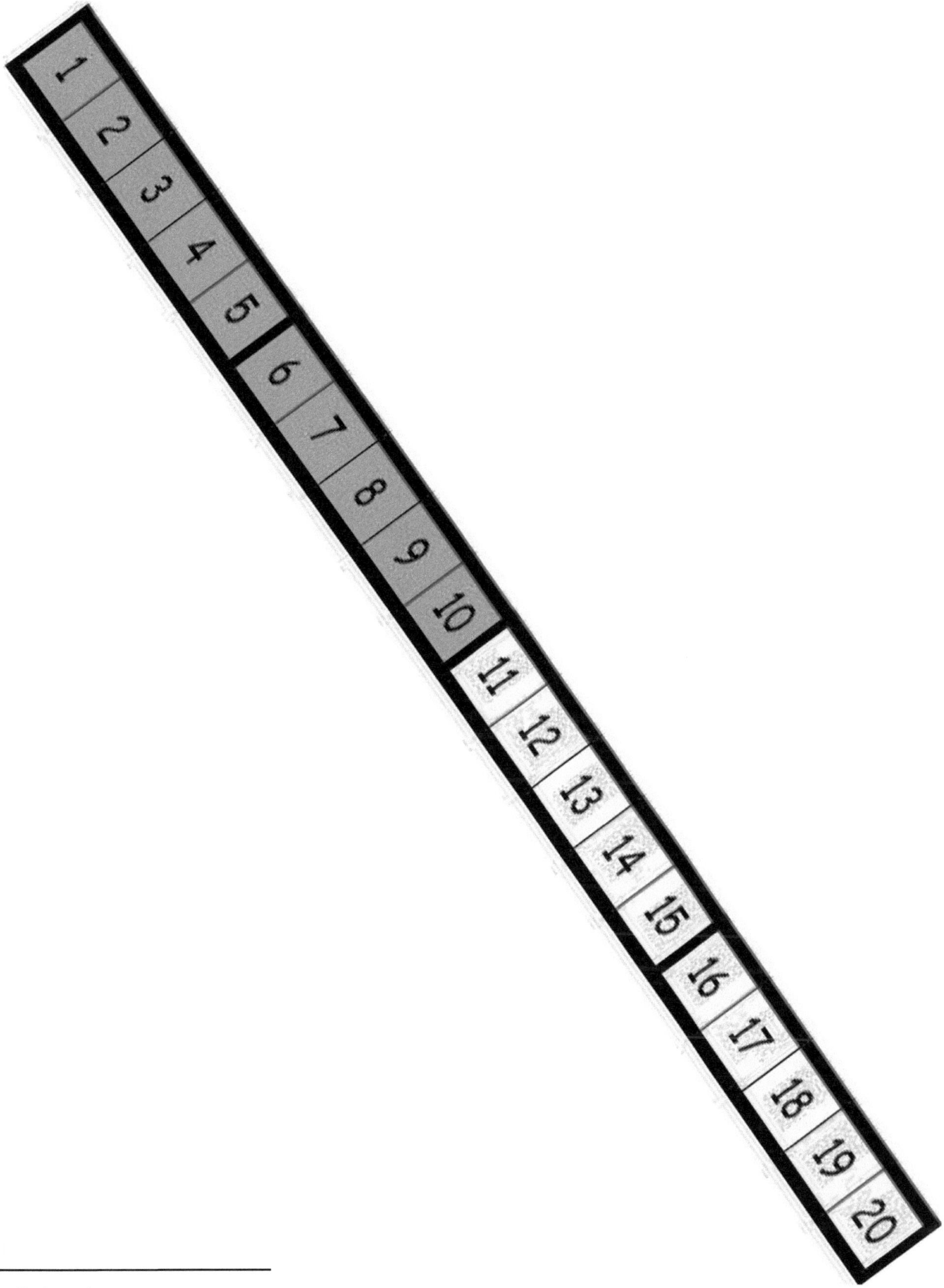

ՄԻԱՎՈՐՆԵՐԻ ՊԱՏՄՈՒԹՅՈՒՆ   Դաս 18 Գիտելիքների ստուգման ձևանմուշ 2   1•2

թվերի ուղի 1-20

Դաս 18 .   Տասից քանը թվերից 8-ի հանման մոդել:

Կարդալ

Կարլան, Ժոզեն և Յաննիսը յուրաքանչյուրն ունեն 8 կեռաս:

Նրանք բոլորն էլ ավելի շատ կեռաս են ստանում իրենց ամանի մեջ դնելու համար:

Այժմ Կարլան 12 կեռաս ունի, Ժոզեն ունի 14 կեռաս, իսկ Յաննիսը՝ 16 կեռաս:

Եվս քանի՞ կեռաս դրեց նրանցից յուրաքանչյուրն ամանի մեջ:

Յուրաքանչյուր պատասխանի համար գրեք մեկ թվային նախադասություն:

Նկարեք

ՄԻԱՎՈՐՆԵՐԻ ՊԱՏՄՈՒԹՅՈՒՆ | Դաս 19 Գործնական խնդիր | 1•2

Գրեք

_____

_____

_____

Դաս 19. Համեմատեք տասից հաշվի առնելու և տասից հանելու արդյունավետությունը:

Անուն ________________________________ Ամսաթիվ ______________

Օգտագործեք թվային կապ՝ ցույց տալու համար, թե ինչպես եք օգտագործել տասից հանման ռազմավարությունը՝ խնդիրը լուծելու համար:

1. Քևինն ուներ 14 յուղամատիտ: Ութ յուղամատիտ կոտրվեց: Նրա յուղամատիտներից քանի՞սը չի կոտրվել:

14 - 8 = _____

10-ից հանեք 8

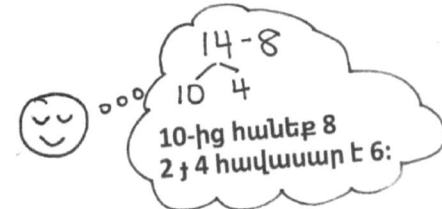

Քևինն ուներ _____ յուղամատիտներ, որոնք չեն կոտրվել:

Ձեր մտածողությունը ցույց տալու համար օգտագործեք թվային կապ:

2. 17 - 8 = _____

3. 18 - 8 = _____

Հաշվեք՝ լուծելու համար:

4. 13 - 8 = _____

5. 15 - 8 = _____

EUREKA MATH Դաս 19. Համեմատեք տասից հաշվի առնելու և տասից հանելու արդյունավետությունը: 117

1	2	3	4	5	6	7	8	9	10	11	12	13	14	15	16	17	18	19	20

Լրացրեք հանման նախադասությունները՝ օգտագործելով տասից հանելու ռազմավարությունը և հաշվումը: Ստուգեք այն ռազմավարությունը, որը ձեզ համար ամենահեշտ թվաց:

6. ա. 12 - 8 = ____ բ. 8 + _____ = 12

☐ հանեք տասից

☐ հաշվեք

7. ա. 11 - 8 = ____ բ. 8 + _____ = 11

☐ հանեք տասից

☐ հաշվեք

8. ա. 16 - 8 = ____ բ. 8 + _____ = 16

☐ հանեք տասից

☐ հաշվեք

Դուք այլ ռազմավարություն օգտագործե՞լ եք:

9. ա. 19 - 8 = ____ բ. 8 + = 19

☐ հանեք տասից

☐ հաշվեք

Դուք այլ ռազմավարություն օգտագործե՞լ եք:

118 Դաս 19. Համեմատեք տասից հաշվի առնելու և տասից հանելու արդյունավետությունը: EUREKA MATH

Անուն ______________________ Ամսաթիվ ____________

Լրացրեք հանման նախադասությունները՝ օգտագործելով տասից հանման ռազմավարությունը և հաշվումը:

1	2	3	4	5	6	7	8	9	10	11	12	13	14	15	16	17	18	19	20

1. ա. 11 - 8 = ____ բ. 8 + _____ = 11

2. ա. 15 - 8 = ____ բ. 8 + _____ = 15

Կարդալ

Իմրանը մատիտի տուփի մեջ ունի **8** յուղամատիտ, իսկ իր գրասեղանում **7** յուղամատիտ։ Ընդամենը քանի՞ յուղամատիտ ունի Իմրանը։

Նկարեք

ՄԻԱՎՈՐՆԵՐԻ ՊԱՏՄՈՒԹՅՈՒՆ Դաս 20 Գործնական խնդիր 1•2

Գրեք

Անուն ______________________ Ամսաթիվ ____________

Լուծեք ստորև նշված խնդիրները: Օգտագործեք գծագրեր կամ թվային կապեր:

1. 11 - 9 = _____

2. 11 – 8 = _____

3. 13 - 9 = _____

4. 13 – 8 = _____

5. 13 - 7 = _____

6. 12 – 7 = _____

7. Ընտրեք հավասար արտահայտությունները:

ա. 16 - 7	13 - 9
բ. 17 - 7	18 - 9
գ. 12 - 8	15 - 9
դ. 14 - 8	18 - 8

Դաս 20. Տասից քսանը թվերից 7-ի, 8-ի և 9-ի հանում: 123

Լրացրեք հանման նախադասությունները՝ դրանք ճիշտ դարձնելու համար:

ա.	բ.	գ.
8. 12 − 9 = _____	13 − 9 = _____	14 − 9 = _____
9. 12 − 8 = _____	13 − 8 = _____	14 − 8 = _____
10. 11 − 7 = _____	12 − 7 = _____	13 − 7 = _____
11. 16 − 9 = _____	18 − 9 = _____	17 − 9 = _____
12. 16 − _____ = 9	15 − _____ = 9	15 − _____ = 7
13. 15 − _____ = 6	11 − _____ = 3	16 − _____ = 7

Անուն ______________________ Ամսաթիվ ____________

Լուծեք ստորև նշված խնդիրները: Օգտագործեք գծագրեր կամ թվային կապեր:

ա. 14 – 9 = _____ բ. 14 – 7 = _____ գ. 14 – 8 = _____

դ. 16 – 7 = _____ ե. 16 – 9 = _____ զ. 16 – 8 = _____

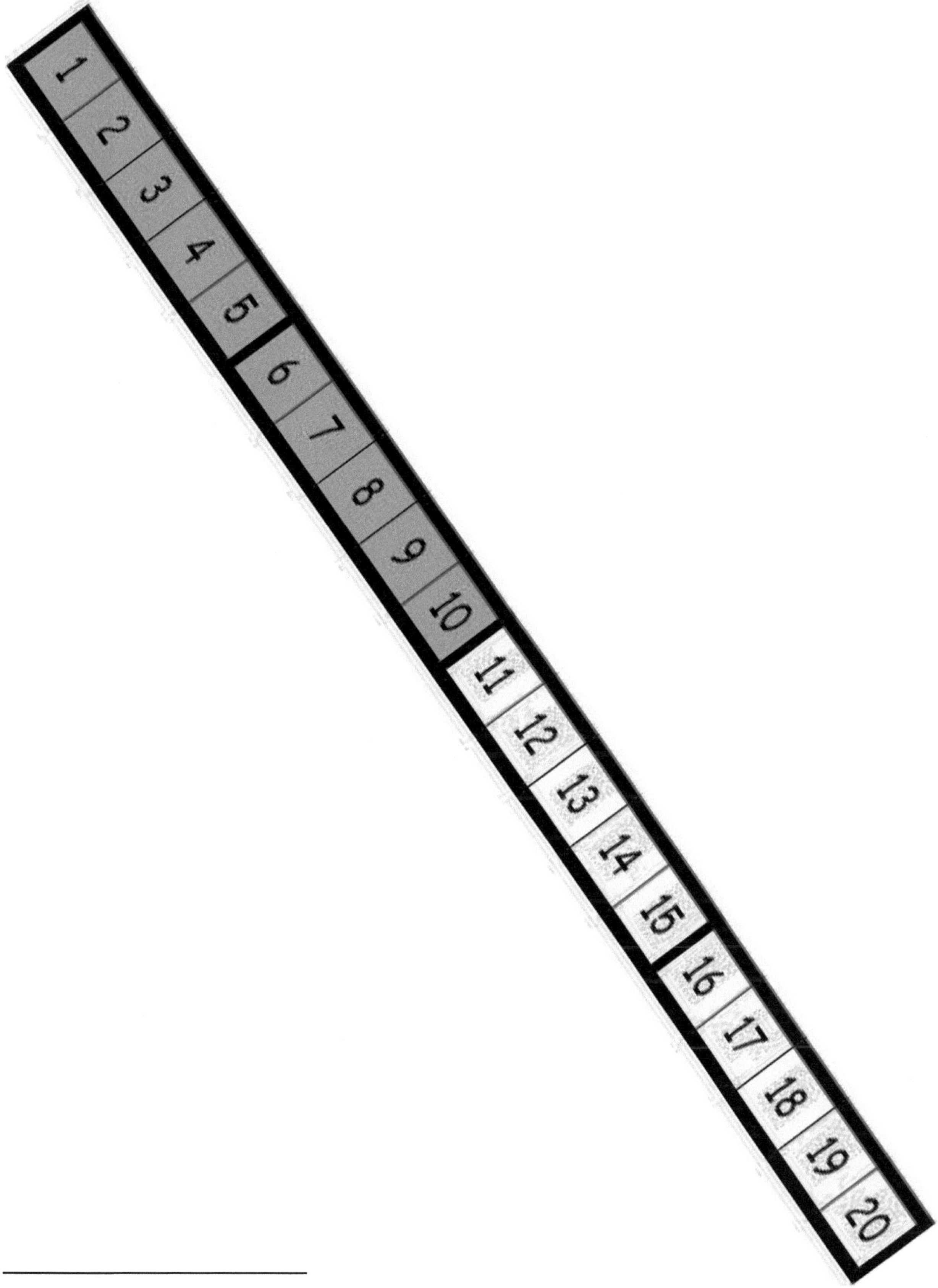

ՄԻԿՎՈՐՆԵՐԻ ՊԱՏՄՈՒԹՅՈՒՆ   Դաս 20 Գիտելիքի ստուգման ձևանմուշ 2   1•2

թվային ուղի 1-20, դաս 18-ից

Դաս 20.   Տասից քսանը թվերից 7-ի, 8-ի և 9-ի հանում։   127

Կարդալ

Դասարանում կա 16 ընթերցանության գորգ։ Եթե օգտագործվում են ընթերցանության 9 գորգեր, քանի՞ ընթերցանության գորգ կա։

Նկարեք

ՄԻԱՎՈՐՆԵՐԻ ՊԱՏՄՈՒԹՅՈՒՆ Դաս 21 Գործնական խնդիր 1•2

Գրեք

130 Դաս 21. Կիսվեք և քննադատեք ընկերների լուծման ռազմավարությունները՝ անհայտի արդյունքից հանելով և բաժանելով գումարելիով անհայտ բառային խնդիրները տասից քանը թվերի համար:

ՄԻԱՎՈՐՆԵՐԻ ՊԱՏՄՈՒԹՅՈՒՆ   Դաս 21 Խնդիրներ   1•2

Անուն _____ Ամսաթիվ _____

Այգում **16** շուն էին խաղում։ Շներից յոթը գնացին տուն։
Շներից քանի՞սն են դեռ այգում։

1. Շրջանակի մեջ առեք աշակերտների բոլոր աշխատանքները, որոնք ճիշտ համապատասխանում են պատմությանը։

ա.
16 − 7 = 9
 /\
10 6

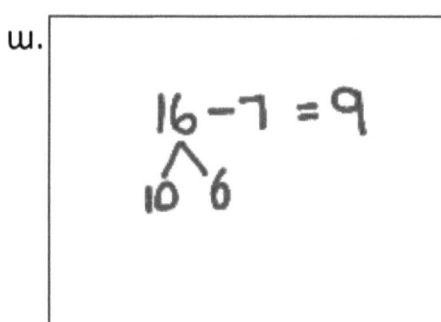
բ.

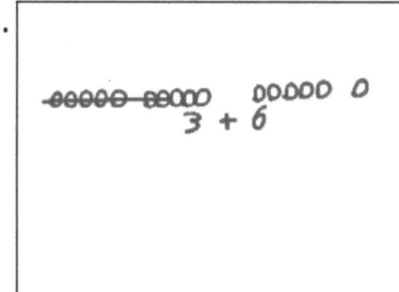
գ.

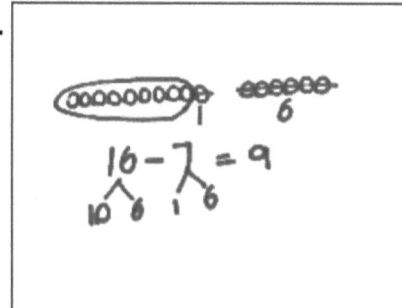

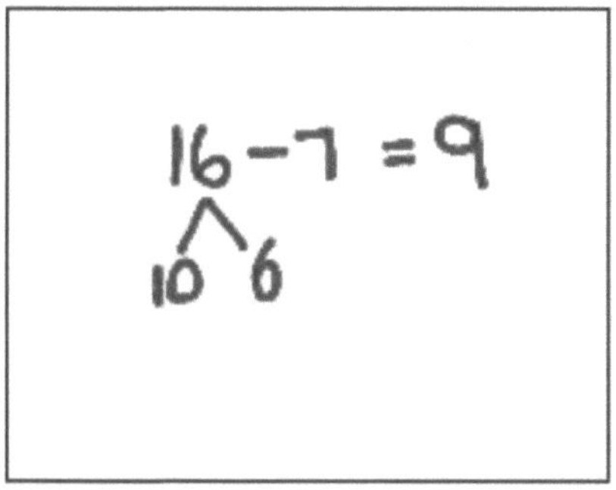

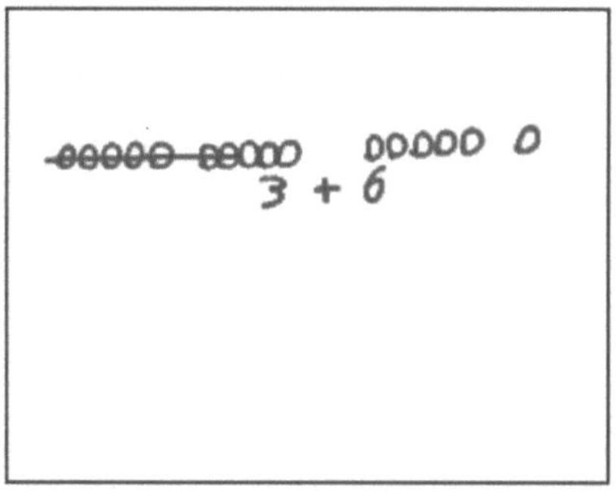

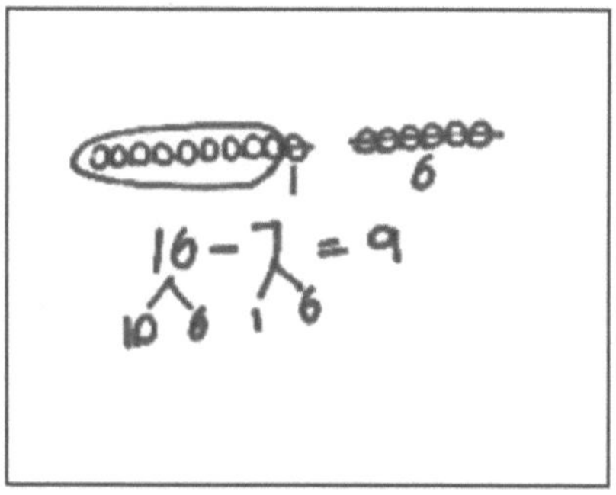

դ.

ե.
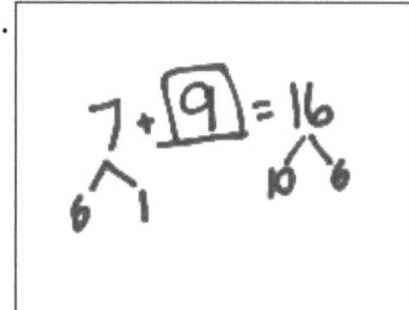

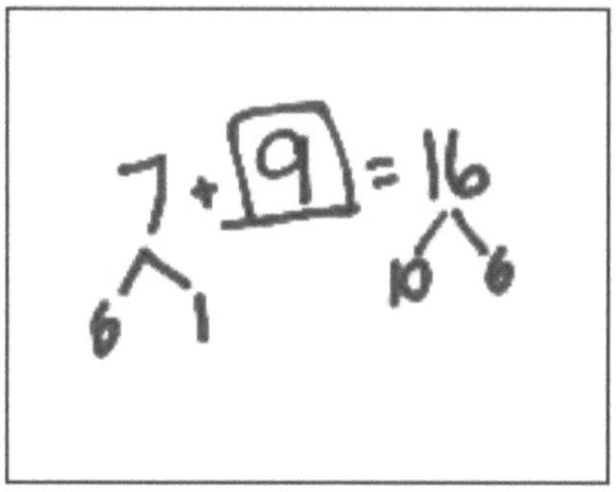

զ.
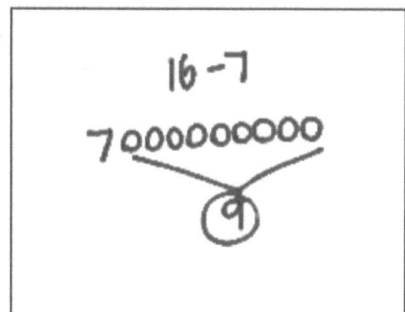

2. Ուղղեք այն աշխատանքը, որը սխալ էր՝ ստորև նշված տարածքում նոր նկար նկարելով համապատասխան թվային նախադասությանը։

Լուծեք ինքնուրույն: Ցույց տվեք ձեր մտածողությունը՝ նկարելով կամ գրելով: Հարցին պատասխանելու համար գրեք պնդում:

3. Տուփում կար 12 շաքարի թխվածքաբլիթ: Իմ ընկերն ու ես նրանցից 5-ը կերանք: Քանի թխվածքաբլիթ է մնացել տուփի մեջ:

4. Մեգանը գրադարանից վերցրեց 17 գիրք: Նա կարդաց դրանցից 9-ը: Քանի՞ գիրք է մնացել կարդալու համար:

Ավարտելուց հետո ձեր լուծումները կիսեք ընկերոջ հետ: Ինչպե՞ս լուծեց ձեր ընկերը յուրաքանչյուր խնդիր: Պատրաստ եղեք պատմել, թե ինչպես է ձեր ընկերը լուծել խնդիրը:

EUREKA MATH

Անուն _____ Ամսաթիվ _____

Մեգը կարծում է, որ տասից հանելու ռազմավարությունը լավագույն եղանակն է՝ հետևյալ բառային խնդիրը լուծելու համար:
Բիլը կարծում է, որ խնդիրը լուծելու համար հաշվելու ռազմավարությունն ավելի ճիշտ եղանակ է:
Լուծեք երկու եղանակով, ապա բացատրեք, թե որ ռազմավարությունն եք ճիշտը համարում:

Ռազմավարություններ՝
- Հանեք տասից
- Ստացեք 10
- Հաշվեք
- Ես պարզապես գիտեի

Մայքն ու Սալին ունեն 6 կատու: Նրանք ընդհանուր առմամբ ունեն 14 ընտանի կենդանիներ:
Քանի՞ ընտանի կենդանի ունեն նրանք, որոնք կատու չեն:

| Մեգի պնդումը | Բիլի պնդումը |

Ես կարծում եմ _____ ռազմավարությունը լավագույնն է, քանի որ _____

_____

_____ .

ՄԻԱՎՈՐՆԵՐԻ ՊԱՏՄՈՒԹՅՈՒՆ   Դաս 22 խնդիրներ   1•2

Անուն _____ Ամսաթիվ _____

<u>Կ</u>արդացեք բառային խնդիրը:
<u>Ն</u>կարեք և նշումներ արեք:
<u>Գ</u>րեք թվային նախադասություն և պնդում, որը համապատասխանում է պատմությանը:

1. Այս շաբաթ Մարիան կերավ 5 դեղին սալոր և մի քանի կարմիր սալոր: Եթե նա ընդհանուր առմամբ 11 սալոր էր ուտում, քանի՞ կարմիր սալոր կերավ Մարիան:

2. Տատյանան հաշվել է 14 գորտ: Նա հաշվեց 8 լողացող լողավազանում, իսկ մնացածը նստած էր շուշանի թերթիկների վրա: Քանի՞ գորտ կար նստած էր շուշանի թերթիկների վրա:

Դաս 22. Լուծեք գումարիր/հանիր անհայտ գումարելիով բառային խնդիրներ և կապեք՝ հաշվելով տասից հանելու ռազմավարությունը:

3. Որոշ երեխաներ գտնվում են խաղահրապարակում: Ութը ճոճանակների վրա է, իսկ մնացածը բռնոցի են խաղում: Ընդհանուր առմամբ 15 երեխա կա: Քանի՞ երեխա է բռնոցի խաղում:

4. Օզիան կարդում է ոչ գեղարվեստական գրքեր: Այնուհետև նա կարդաց 7 գեղարվեստական գիրք: Եթե նա ընդհանուր առմամբ կարդաց 16 գիրք, ապա քանի՞ գեղարվեստական գիրք կարդաց Օզիան:

Հանդիպեք ընկերոջ հետ և ցույց տվեք ձեր նկարներն ու նախադասությունները: Խոսեք ձեր ընկերոջ հետ այն մասին, թե ինչպես է ձեր նկարը համապատասխանում պատմությանը:

Անուն ______________________ Ամսաթիվ ____________

Կարդացեք բառային խնդիրը:

Նկարեք և նշումներ արեք:

Գրեք թվային նախադասություն և պնդում, որը համապատասխանում է պատմությանը:

Հիշեք, որ պետք է թվային նախադասության մեջ ձեր լուծման շուրջ տուփ նկարեք:

1. Տիկին Սեի դասարանի որոշ ուսանողներ քայլում են: Նրա դասարանում ընդհանուր առմամբ 17 ուսանող կա: Եթե 8 ուսանող ավտոբուսով է տեղ հասնում, քանի՞ ուսանող է քայլում:

2. Ես երեկույթի համար 13 հաց թխեցի: Մի մասն այրվել էին, ուստի ես դրանք գցեցի: Մնացած 8 հացերը բերեցի երեկույթին: Քանի՞ հաց այրվեց:

EUREKA MATH Դաս 22. Լուծեք գումարիր/հանիր անհայտ գումարելիով բառային խնդիրներ և կապեք՝ հաշվելով տասից հանելու ռազմավարությունը: 137

Կարդալ

Առավոտյան հատակին 8 տերև կար ֆիկուսի ծառի տակ:

Օրվա ընթացքում հատակին ավելի շատ տերևներ ընկան: Այժմ հատակին կա 13 տերև: Օրվա ընթացքում քանի՞ տերև է ընկել:

Նկարեք

ՄԻԱՎՈՐՆԵՐԻ ՊԱՏՄՈՒԹՅՈՒՆ | Դաս 23 Գործնական խնդիր | 1•2

Գրեք

_____

_____

_____

Դաս 23. Լուծել գումարումը փոփոխությամբ անհայտ խնդիրներում՝ կապված գումարման և հանման ռազմավարությունների հետ։

Անուն ______________________________ Ամսաթիվ ______________

Կարդացեք բառային խնդիրը:

Նկարեք և նշումներ արեք:

Գրեք թվային նախադասություն և պնդում, որը համապատասխանում է պատմությանը:

1. Շաբաթվա ընթացքում Ջեները կարդացել է 8 գիրք: Հանգստյան օրերին նա ևս մի քանի գիրք կարդաց: Ընդհանուր առմամբ նա կարդացել է 12 գիրք: Հանգստյան օրերին քանի՞ գիրք կարդաց Ջեները:

2. Այս մրցաշրջանում Էրիկը խփեց 13 գոլ: Նա փլեյ-օֆֆից առաջ խփեց 5 գոլ: Քանի՞ գոլ է խփել Էրիկը փլեյ-օֆֆի ժամանակ:

3. Ճյուղի վրա կար 8 զատիկ: Եվս մի քանիսը եկան: Այնուհետև, ճյուղի վրա կար 15 զատիկ: Քանի՞ զատիկ եկավ:

4. Մարկոյի ընկերը նրան դպրոցում տվեց բեյսբոլի որոշ քարտեր: Եթե ընտանիքի կողմից նրան արդեն տրվել էին բեյսբոլի 9 քարտեր, և այժմ նա ընդհանուր առմամբ 19 քարտ ունի, քանի բեյսբոլի քարտեր է ստացել դպրոցում:

Հանդիպեք ընկերոջ հետ և ցույց տվեք ձեր նկարներն ու նախադասությունները: Խոսեք ձեր ընկերոջ հետ այն մասին, թե ինչպես է ձեր նկարը համապատասխանում պատմությանը:

ՄԻԿՎՈՐՆԵՐԻ ՊԱՏՄՈՒԹՅՈՒՆ   Դաս 23 Ստուգողական աշխատանք   1•2

Անուն _____ Ամսաթիվ _____

Կարդացեք բառային խնդիրը:

Նկարեք և նշումներ արեք:

Գրեք թվային նախադասություն և պնդում, որը համապատասխանում է պատմությանը:

Առավոտյան Շանիկան ուտում էր 7 մինի-փրեթցել: Նա կերավ իր մինի-փրեթցելների մնացած մասը ցերեկը: Այդ օրը նա ընդհանուր առմամբ կերավ 13 մինի-փրեթցել: Քանի՞ մինի-փրեթցել կերավ Շանիկան ցերեկը:

Դաս 23. Լուծել գումարումը փոփոխությամբ անհայտ խնդիրներում՝ կապված գումարման և հանման ռազմավարությունների հետ:

ՄԻԱՎՈՐՆԵՐԻ ՊԱՏՄՈՒԹՅՈՒՆ　　　　Դաս 24 Գործնական խնդիր　1•2

Կարդալ

Երեկ ես տեսա 11 թռչուն ճյուղի վրա։ Ճյուղի վրա նրանց միացան երեք թռչուններ։ Քանի՞ թռչուն եղավ ճյուղի վրա։

Նկարեք

Դաս 24.　Ռազմավարություն մշակեք՝ լուծելու համար վերցնելը անհայտ փոփոխությամբ խնդիրներում։

Գրեք

_____

_____

_____

ՄԻԱՎՈՐՆԵՐԻ ՊԱՏՄՈՒԹՅՈՒՆ   Դաս 24 Խնդիրներ   1•2

Անուն _____   Ամսաթիվ _____

Կարդացեք բառային խնդիրը։
Նկարեք և նշումներ արեք։
Գրեք թվային նախադասություն և պնդում, որը համապատասխանում է պատմությանը։

1. Ժոզեն ափին տեսնում է 11 գորտ։ Գորտերի մի մասը ցատկում է ջրի մեջ։ Այժմ ափին կա 8 գորտ։ Քանի՞ գորտ է ցատկել ջրի մեջ։

2. Քեմերոնը իր խնձորներից մի քանիսը տալիս է քրոջը։ Նա դեռ ունի 9 խնձոր։ Եթե նա սկզբում ուներ 15 խնձոր, քանի՞ խնձոր տվեց իր քրոջը։

Դաս 24. Ռազմավարություն մշակեք՝ լուծելու համար վերցնելը անհայտ փոփոխությամբ խնդիրներում։

147

3. Մոլլին ուներ 16 գիրք: Նա մի քանիսը տվեց Գիային: Քանի՞ գիրք վերցրեց Գիան, եթե Մոլլիին մնացել է 8 գիրք:

4. Տասնութ փոքրիկ այծեր խաղում էին դրսում: Մի քանիսը մտան գոմ: Ինը մնացին դրսում՝ խաղալու: Քանի՞ փոքրիկ այծ մտավ ներս:

Հանդիպեք ընկերոջ հետ և ցույց տվեք ձեր նկարներն ու նախադասությունները: Խոսեք ձեր ընկերոջ հետ այն մասին, թե ինչպես է ձեր նկարը համապատասխանում պատմությանը:

EUREKA MATH

ՄԻԿՎՈՐՆԵՐԻ ՊԱՏՄՈՒԹՅՈՒՆ   Դաս 24 Ստուգողական աշխատանք   1•2

Անուն _____   Ամսաթիվ _____

Կարդացեք բառային խնդիրը։
Նկարեք և նշումներ արեք։
Գրեք թվային նախադասություն և պնդում, որը համապատասխանում է պատմությանը։

Մի լճակի մեջ լողում էր 18 շուն։ Մի քանի շուն հեռացավ։ Լճակում դեռ կա լողացող 9 շուն։ Քանի՞ շուն հեռացավ։

Կարդալ

Միքիան ուներ 16 բեռնատար և դրանցից 9-ը կորցրեց: Չարլզն ուներ 1 բեռնատար և իր մորից ստացել է ևս 6 բեռնատար: Ո՞վ ավելի շատ բեռնատարներ ունի՝ Միխա՞ն, թե՞ Չարլզը:

Նկարեք

Գրեք

ՄԻԱՎՈՐՆԵՐԻ ՊԱՏՄՈՒԹՅՈՒՆ   Դաս 25 Խնդիրներ   1•2

Անուն _____   Ամսաթիվ _____

«Հիշողություն» խաղալու համար օգտագործեք արտահայտման քարտերը: Գրեք համապատասխան արտահայտություններ՝ իրական թվային նախադասություններ կազմելու համար:

1.

☐ = ☐

2.

☐ = ☐

3.

☐ = ☐

4.

☐ = ☐

5.

☐ = ☐

ՄԻԱՎՈՐՆԵՐԻ ՊԱՏՄՈՒԹՅՈՒՆ Դաս 25 Խնդիրներ 1•2

6. Գրեք իսկական թվային նախադասություն՝ օգտագործելով մնացած արտահայտությունները: Օգտագործեք նկարներ և բառեր, ցույց տալու համար, թե ինչպես գիտեք, որ արտահայտություններից երկուսն ունեն նույն անհայտ թվերը:

7. Օգտագործեք այլ փաստեր, որոնք դուք գիտեք, որպեսզի գոնե առնվազն երկու ճիշտ նախադասություն գրեք, որոնք նման են վերոնշյալ օրինակներին:

8. Հետևյալ գումարման թվային նախադասությունները ՍԽԱԼ են: Փոխեք մեկ թիվ յուրաքանչյուր խնդրի մեջ՝ ՃԻՇՏ թվային նախադասություն կազմելու համար, ապա նորից գրեք թվային նախադասությունը:

   ա. 8 + 5 = 10 + 2   _____

   բ. 9 + 3 = 8 + 5   _____

   գ. 10 + 3 = 7 + 5   _____

9. Հետևյալ հանման թվային նախադասությունները ՍԽԱԼ են: Փոխեք մեկ թիվ յուրաքանչյուր խնդրի մեջ՝ ՃԻՇՏ թվային նախադասություն կազմելու համար, ապա նորից գրեք թվային նախադասությունը:

   ա. 12 - 8 = 1 + 2   _____

   բ. 13 - 9 = 1 + 4   _____

   գ. 1 + 3 = 14 - 9   _____

ՄԻԱՎՈՐՆԵՐԻ ՊԱՏՄՈՒԹՅՈՒՆ   Դաս 25 Ստուգողական աշխատանք   1•2

Անուն _____   Ամսաթիվ _____

Ձեզ տրվում են այս նոր արտահայտչական քարտերը։ Գրեք համապատասխան
արտահայտություններ՝ իրական թվային նախադասություններ կազմելու համար:

| 8 + 9 | 12 - 7 | 19 - 2 | 2 + 15 |

| 3 + 2 | 10 + 7 | 14 - 9 | 1 + 4 |

[_____] = [_____]

[_____] = [_____]

[_____] = [_____]

[_____] = [_____]

Դաս 25.   Ռազմավարություն մշակեք և կիրառեք հավասար նշանի
հասկացությունը՝ հավասար արտահայտությունները լուծելու համար:

Կարդացեք

Ռուբենն ունի 18 խաղալիք մեքենա: Նրա փոխադրողը պահում է 10 խաղալիք մեքենա: Եթե Ռուբենի փոխադրողը լիքն է, քանի՞ մեքենա կա փոխադրողի մեջ, և քանի՞ մեքենա է գտնվում փոխադրողի սահմաններից դուրս:

Նկարեք

ՄԻԱՎՈՐՆԵՐԻ ՊԱՏՄՈՒԹՅՈՒՆ Դաս 26 Գործնական խնդիր 1•2

Գրեք

158 Դաս 26. Գտեք 1 տասը՝ որպես միավոր, վերանվանելով 10-ի ներկայացուցչությունները:

Անուն ______________________ Ամսաթիվ ______________

Շրջանակի մեջ վերցրեք **տասը:** Գրեք թիվը: **Քանի՞ տասեր և մեկեր կան:**

1.

նույնն է, ինչ

_____ տասը և _____ մեկեր:

2.

նույնն է, ինչ

_____ տասը և _____ մեկեր:

3.

նույնն է, ինչ

_____ մեկեր և _____ տասը:

4.

նույնն է, ինչ

_____ տասը և _____ մեկեր:

5.

10

նույնն է, ինչ

_____ տասը և _____ մեկեր:

Դաս 26. Գտեք 1 տասը՝ որպես միավոր, վերանվանելով 10-ի ներկայացուցչությունները:

Ցույց տվեք ընդհանուր և տասերը և մեկերը «Թաքցնել զրոները» քարտերի միջոցով:
Գրեք՝ քանի տասեր և մեկեր կան:

6.

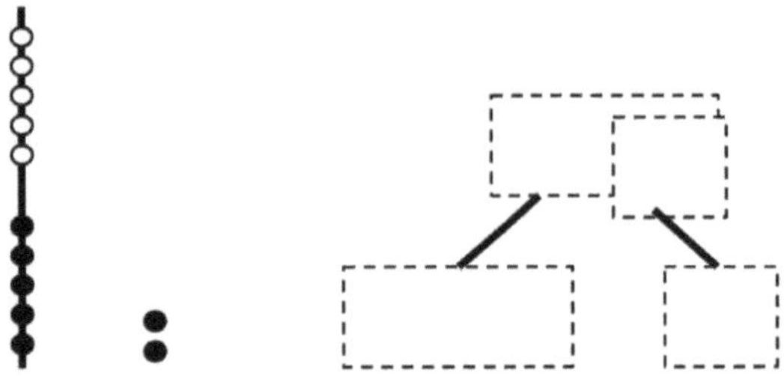

նույնն է, ինչ

______ տասը և ______ մեկեր:

7.

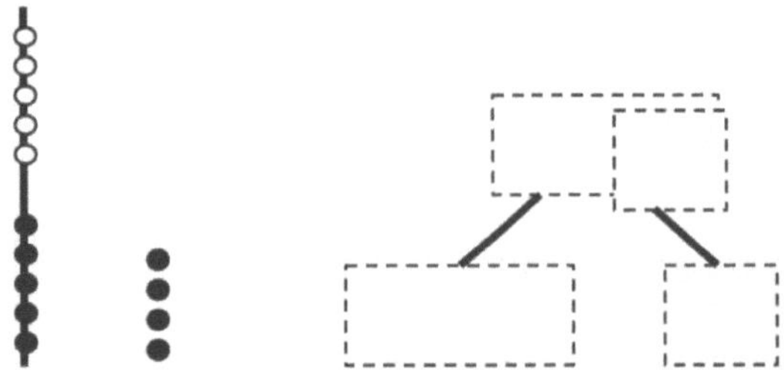

նույնն է, ինչ

______ տասը և ______ մեկեր:

8.

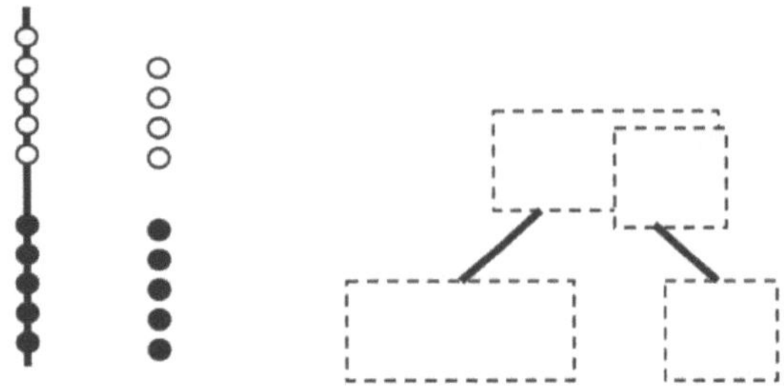

նույնն է, ինչ

______ մեկեր և ______ տասը:

Օղակներ նկարեք՝ որպես տասը և լրացուցիչ մեկեր: **Քանի՞ տասեր և մեկեր կան:**

9.

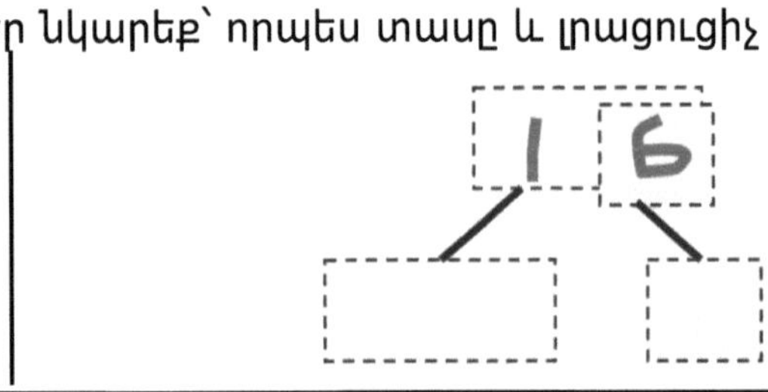

նույնն է, ինչ

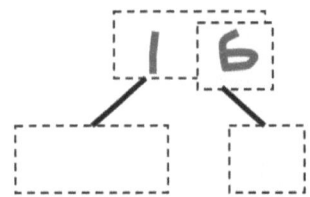

______ տասը և ______ մեկեր:

10.

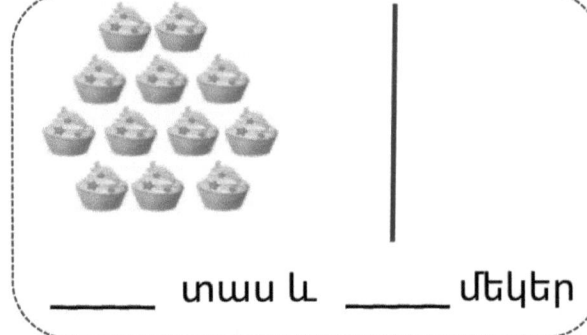

______ տաս և ______ մեկեր

______ տաս և ______ մեկեր

Անուն _____ Ամսաթիվ _____

Տասերի և մեկերի նկարները համապատասխանեցրեք «Թաքցնել զրոները» քարտերի հետ: Քանի՞ տասեր և մեկեր կան:

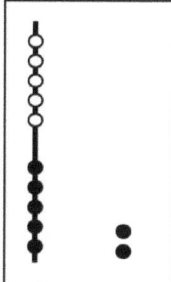 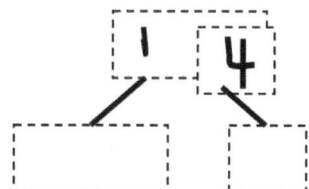

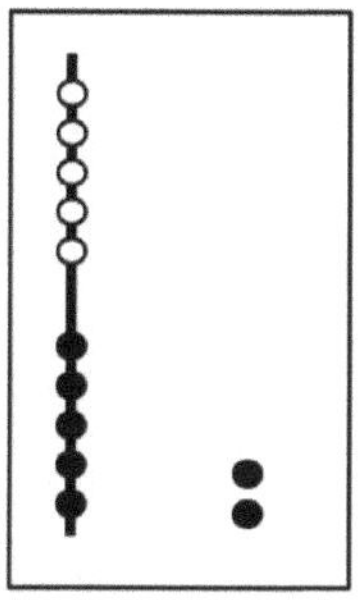

Նույնն է, ինչ

_____ տասը և _____ մեկեր:

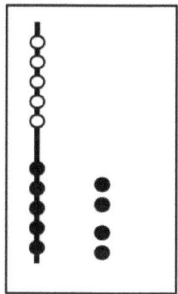 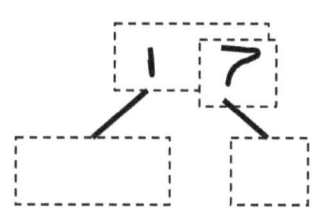

Նույնն է, ինչ

_____ տասը և _____ մեկեր:

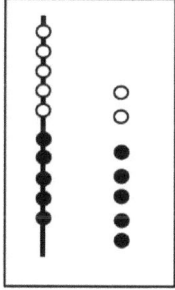 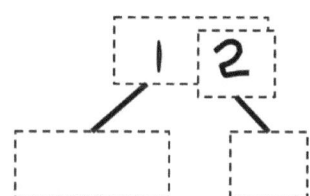

Նույնն է, ինչ

_____ տասը և _____ մեկեր:

Կարդացեք

Ռուբենը հեռացնում էր իր 14 խաղալիք մեքենաները: Նա լցրեց իր փոխադրողը և մնաց 4 մեքենա, որոնք չեն կարող տեղավորվել: Քանի՞ մեքենա է տեղավորվում նրա փոխադրողի մեջ:

Նկարեք

Գրեք

_____

_____

_____

Դաս 27. Լուծեք գումարման և հանման խնդիրները՝ տարրալուծելով և կազմելով տասից քսան թվերը որպես 1 տասնյակ և մի քանի միավոր:

Անուն ______________________ Ամսաթիվ __________

Լուծեք խնդիրները: **Գրեք ձեր պատասխանները՝ ցույց տալու համար, թե քանի տասեր և մեկեր կան:** Եթե կա ընդամենը 1 տասը, ջնջեք «ներ»-ը:

Գումարեք:

1. 12 + 6 = ☐☐

_____ տասեր և _____ մեկեր

2. 5 + 13 = ☐☐

_____ տասեր և _____ մեկեր

3. 8 + 7 = ☐☐

_____ տասեր և _____ մեկեր

4. ☐☐ = 8 + 12

_____ տասեր և _____ մեկեր

Հանեք:

5. 17 - 4 = ☐☐

_____ տասեր և _____ մեկեր

6. 17 - 5 = ☐☐

_____ տասեր և _____ մեկեր

7. 14 - 6 = ☐☐

_____ տասեր և _____ մեկեր

8. ☐☐ = 16 - 7

_____ տասեր և _____ մեկեր

Դաս 27. Լուծեք գումարման և հանման խնդիրները՝ տարրալուծելով և կազմելով տասից քսան թվերը որպես 1 տասնյակ և մի քանի միավոր:

Կարդացեք բառային խնդիրը: **Ն**կարեք և նշումներ արեք: **Գ**րեք թվային նախադասություն և պնդում, որը համապատասխանում է պատմությանը:
Վերաշարադրեք ձեր պատասխանը՝ ցույց տալով դրա տասերն ու մեկերը:
Եթե կա ընդամենը 1 տասը կամ 1 մեկ, ջնջեք «ներ»-ը:

9. Ֆրենկին և Մայան լողափում պատրաստեցին 4 մեծ ավազե դղյակ: Եթե նրանք պատրաստեցին 10 փոքր ավազե դղյակ, ընդամենը քանի ավազե դղյակ են նրանք պատրաստել:

_____ տասեր և _____ մեկեր

10. Ռոնին ունի 8 պիտակ, որոնք աստղ են: Նրա ընկեր Սինան նրան տալիս է ևս 7-ը: Քանի՞ պիտակ ունի այժմ Ռոնին:

_____ տասեր և _____ մեկեր

11. Մի երեկույթի համար 14 փուչիկ կապեցինք սեղաններին, բայց 3-ը թռան: Քանի՞ փուչիկ դեռ կար կապված սեղաններին:

_____ տասեր և _____ մեկեր

12. Ես կերա իմ հավաքած 16 ելակից 5-ը: Քանի՞ ելակ ես դեռ ունեմ:

_____ տասեր և _____ մեկեր

EUREKA MATH

Անուն _____ Ամսաթիվ _____

Լուծեք խնդիրները։ Գրեք ձեր պատասխանները՝ ցույց տալու համար, թե քանի տասեր և մեկեր կան։ Եթե կա ընդամենը մեկ տասը, ջնջեք «ներ»-ը։

1.
13 + 6 = ☐☐

_____ տասեր և _____ մեկեր

2.
7 + 6 = ☐☐

_____ տասեր և _____ մեկեր

Կարդացեք բառային խնդիրը։ Նկարեք և նշումներ արեք։ Գրեք թվային նախադասություն և պնդում, որը համապատասխանում է պատմությանը։ Վերաշարադրեք ձեր պատասխանը՝ ցույց տալով դրա տասերն ու մեկերը։

3. Քենդրիկը գնաց բոուլինգ խաղալու։ Առաջին երկու փուլում նա գցեց 16 կեգլի։ Եթե նա առաջին փուլում գցեց 9 կեգլի, քանի՞ կեգլի նա գցեց երկրորդ փուլում։

_____ տասեր և _____ մեկեր

ՄԻԿՎՈՐՆԵՐԻ ՊԱՏՄՈՒԹՅՈՒՆ   Դաս 28 Գործնական խնդիր   1•2

Կարդացեք

Ռուբենն ունի 7 կապույտ մեքենա և 6 կարմիր մեքենա: Եթե Ռուբենը կապույտ բոլոր մեքենաները դնի իր մեքենայի մեջ, որը տեղափոխում է 10 մեքենա, քանի կարմիր մեքենան կտեղավորվի փոխադրիչի մեջ, և քանի՞սը դուրս կմնան փոխադրողից:

Նկարեք

Դաս 28. Լուծեք գումարման խնդիրներ ՝օգտագործելով տասը որպես միավոր և գրեք երկքայլանի լուծումներ:

ՄԻԱՎՈՐՆԵՐԻ ՊԱՏՄՈՒԹՅՈՒՆ | Դաս 28 Գործնական խնդիր | 1•2

Գրեք

_____

_____

_____

Անուն ______________________ Ամսաթիվ ____________

Լուծեք խնդիրները: Ցույց տվեք ձեր լուծումը երկու քայլով.

Քայլ 1. Գրեք մեկ թվային նախադասություն՝ տասը ստանալու համար:
Քայլ 2. Գրեք մեկ թվային նախադասություն՝ տասին գումարելու համար:

$9 + 4 = 13$

$9 + 1 = 10$

$10 + 3 = 13$

1. $9 + 5 =$ ☐☐

___ + ___ = ___

___ + ___ = ___

2. $8 + 6 =$ ☐☐

___ + ___ = ___

___ + ___ = ___

Լուծեք: Այնուհետև գրեք պնդում՝ ձեր պատասխանը ցույց տալու համար:

3. Սու-Ջինը 9 նկարով հավաքեց կոլաժ: Աղեյը մեկ այլ կոլաժ է հավաքել 6 նկարներով: Քանի՞ նկար են նրանք օգտագործել:

9 + 6 = ___

___ + ___ = ___

___ + ___ = ___

4. Իմրանը մատիտի տուփի մեջ ունի 8 յուղամատիտ, իսկ իր գրասեղանում 7 յուղամատիտ: Ընդամենը քանի՞ յուղամատիտ ունի Իմրանը:

___ + ___ = ___

___ + ___ = ___

5. Այգում լճակի մեջ լողում էին 4 բադ: Եթե խոտերի վրա հանգստանում էին 9 բադ, ապա ընդամենը քանի՞ բադ կար այգում:

______ + ______ = ______

______ + ______ = ______

6. Սիսին պատրաստեց 7 տապակած բլիթներ և 8 բլիթներ՝ փաթիլներով: Քանի՞ բլիթ է պատրաստել Սիսին:

7. Փեյթոնը կարդացել է 8 գիրք դելֆինների և կետերի մասին: Նա կարդաց 9 գիրք շների և կատուների մասին: Ընդամենը քանի՞ գիրք է նա կարդացել կենդանիների մասին:

ՄԻԱՎՈՐՆԵՐԻ ՊԱՏՄՈՒԹՅՈՒՆ | Դաս 28 Ստուգողական աշխատանք | 1•2

Անուն _____ Ամսաթիվ _____

Լուծեք խնդիրները։ Գրեք **ձեր** պատասխանները՝ ցույց տալու համար, թե **քանի** տասեր և մեկեր կան։

$9 + 7 = \boxed{1\ 6}$

$9 + 1 = 10$
$10 + 6 = 16$

1. $9 + 4 =$ ☐☐

___ + ___ = ___

___ + ___ = ___

2. $8 + 7 =$ ☐☐

___ + ___ = ___

___ + ___ = ___

Դաս 28. Լուծեք գումարման խնդիրներ՝ օգտագործելով տասը որպես միավոր և գրեք երկքայլանի լուծումներ։

Կարդացեք

Հեյ Յունգը 13 մարկեր ուներ, և նա մի քանիսը տվեց Լիլիին։ Եթե Հեյ Յունգը այն ժամանակ ուներ 5 մարկեր, քանի՞ մարկեր տվեց նա Լիլիին։

Նկարեք

Գրեք

_____

_____

_____

Դաս 29. Լուծեք հանման խնդիրները՝ օգտագործելով տասը որպես միավոր և գրեք երկքայլանի լուծումներ:

Անուն ______________________ Ամսաթիվ ______________

Լուծեք խնդիրները: Գրեք **ձեր** պատասխանները՝ ցույց տալու համար, թե **քանի** տասեր և մեկեր կան:
Ցույց տվեք ձեր լուծումը երկու քայլով.

Քայլ 1. Գրեք մեկ թվային նախադասություն՝ տասից հանելու համար:
Քայլ 2. Գրեք մեկ թվային նախադասություն՝ մնացած մասերը գումարելու համար.

| 1 | 2 | - 4 = 8

10 - 4 = 6

6 + 2 = 8

1. | 1 | 4 | - 5 = ____

____ - ____ = ____

____ + ____ = ____

2. | 1 | 3 | - 8 = ____

____ - ____ = ____

____ + ____ = ____

3. Տատյանան հաշվել է 14 գորտ: Նա հաշվեց 8 լողացող լողավազանում, իսկ մնացածը նստած էր շուշանի թերթիկների վրա: Քանի՞ գորտ կար նստած շուշանի թերթիկների վրա:

14 - 8 = ____

____ - ____ = ____

____ + ____ = ____

4. Այս շաբաթ Մարիան կերավ 5 դեղին սալոր և մի քանի կարմիր սալոր: Եթե նա ընդհանուր առմամբ 11 սալոր էր կերել, քանի՞ կարմիր սալոր կերավ Մարիան:

____ - ____ = ____

____ + ____ = ____

5. Որոշ երեխաներ խաղահրապարակում բռնոցի են խաղում: Ութը ճոճանակների վրա է: Եթե ընդհանուր առմամբ խաղահրապարակում կա 16 երեխա, ապա քանի՞ երեխա է խաղում բռնոցի:

_____ - _____ = _____

_____ + _____ = _____

---

6. Օզիան կարդում է որոշ ոչ-գեղարվեստական գրքեր: Այնուհետև, նա կարդաց 6 գեղարվեստական գիրք: Եթե նա ընդհանուր առմամբ կարդացել է 18 գիրք, ապա քանի՞ ոչ-գեղարվեստական գիրք է կարդացել Օզիան:

---

7. Յեղլին իր բաճկոնի վրա ունի 9 կոճակ: Նա իր վերնաշապիկին ևս մի քանի կոճակ ունի: Յեղլին իր բաճկոնի և վերնաշապիկի վրա ունի ընդամենը 17 կոճակ: Քանի՞ կոճակ ունի նրա վերնաշապիկը:

EUREKA MATH

ՄԻԱՎՈՐՆԵՐԻ ՊԱՏՄՈՒԹՅՈՒՆ Դաս 29 Ստուգողական աշխատանք 1•2

Անուն ________________________ Ամսաթիվ ____________

Լուծեք խնդիրները: Գրեք **ձեր** պատասխանները՝ ցույց տալու համար, թե **քանի** տասեր և մեկեր կան:

| 1 | 2 | - 5 = 7 |

10 - 5 = 5

5 + 2 = 7

1. | 1 | 5 | - 6 = ____

____ - ____ = ____

____ + ____ = ____

2. | 1 | 4 | - 8 = ____

____ - ____ = ____

____ + ____ = ____

Դաս 29. Լուծեք հանման խնդիրները՝ օգտագործելով տասը որպես միավոր և գրեք երկքայլանի լուծումներ:

Դասարան 1
Մոդուլ 3

Կարդացեք

Նիգելը և Քորեյն, յուրաքանչյուրն ունեն նոր մատիտ, որոնք նույն երկարության են։ Քորեյն օգտագործում է շատ, և պետք է սրի այն մի քանի անգամ։ Նիգելն իրենն ընդհանրապես չի օգտագործում։ Նիգելը և Քորեյն համեմատում են իրենց մատիտները։ Ո՞ւմ մատիտն է ամենաերկարը։ Մի նկար նկարեք՝ ձեր մտածելակերպը ցույց տալու համար։

Նկարեք

Գրեք

Անուն ______________________ Ամսաթիվ ____________

Գրեք բառեր **ավելի երկար, քան** կամ **ավելի կարճ, քան**՝ նախադասությունները ճիշտ դարձնելու համար:

1.

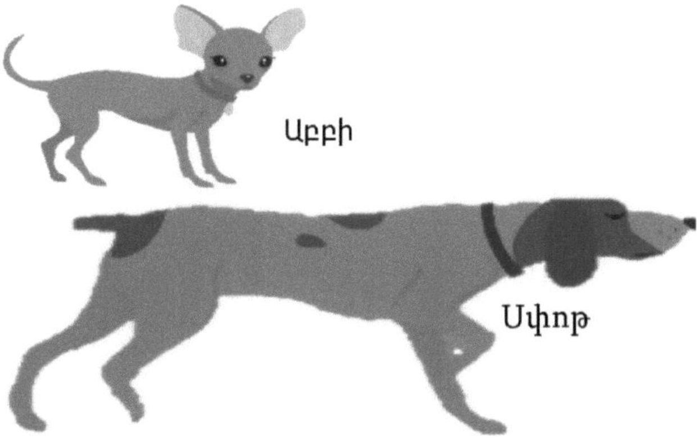

Աբբի
Սփոթ

Աբբին ______________ քան Սփոթը:

2.

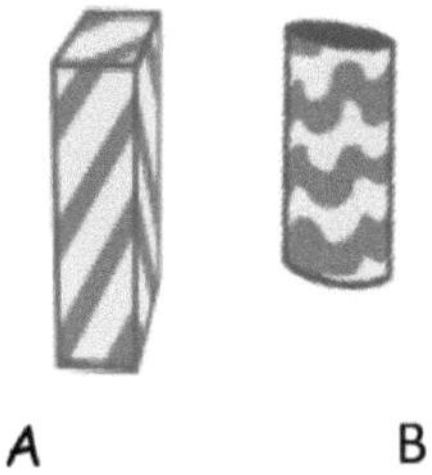

A
B

Բ-ն ______________ Ա-ն:

3.

Ամերիկյան դրոշի գլխարկը

հավասար է ______________ խոհարարի գլխարկի:

4.

Ավելի մուգ չղջիկի թևը

հավասար է______________ ավելի թեթև չղջիկի թևի:

5.

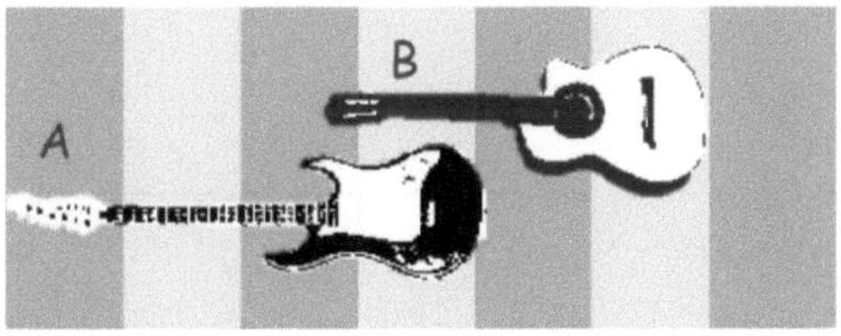

B
A

Կիթառ Բ

____

Կիթառ Ա:

EUREKA MATH Դաս 1: Համեմատեք երկարությունը անմիջականորեն և մտածեք վերջին կետերը հավասարեցնելու մասին 185

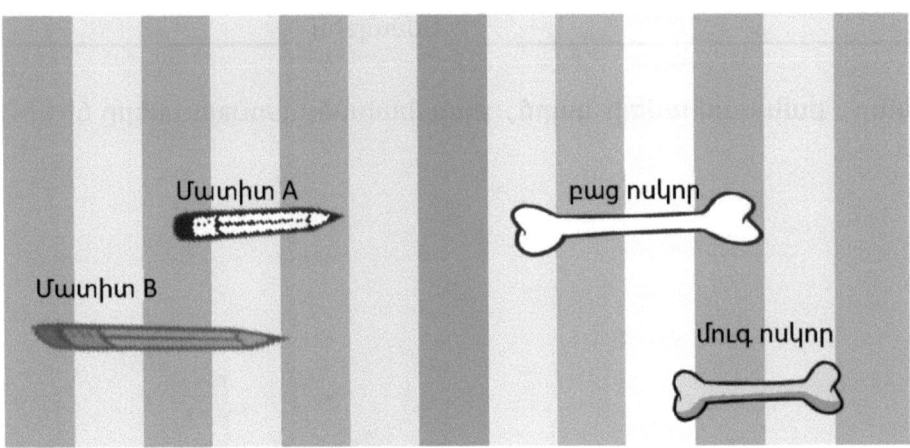

6. Մատիտ Բ ______________________________ Մատիտ Ա:

7. Մուգ ոսկոր ______________________________բաց ոսկոր:

8. Շրջանակի մեջ վերցրեք ճիշտը կամ սխալը:
Բաց ոսկորն ավելի կարճ է, քան Ա մատիտը: **Ճիշտ** կամ **Սխալ**

---

9. Գտեք 3 դպրոցական գրենական պիտույք: **Նկարեք այստեղ՝ հերթականությամբ՝ ամենակարճից մինչև ամենաերկարը:** Նշեք յուրաքանչյուր գրենական պիտույք:

ՄԻԱՎՈՐՆԵՐԻ ՊԱՏՄՈՒԹՅՈՒՆ   Դաս 1 Ստուգողական աշխատանք   1•3

Անուն _____   Ամսաթիվ _____

Գրեք բառեր ավելի բարձրահասակ, քան կամ ավելի կարճահասակ, քան՝ արտահայտությունը ճիշտ դարձնելու համար:

A

B

Կոշիկ Ա _____ Կոշիկ Բ:

Դաս 1: Համեմատեք երկարությունը անմիջականորեն և մտածեք վերջին կետերը հավասարեցնելու մասին

Կարդացեք

Ջորդանն ունի 3 խաղալիք մեքենա՝ ընձուղտ, արջ և կապիկ։ Ընձուղտն ավելի բարձրահասակ է քան կապիկը։ Արջն ավելի ցածրահասակ է, քան կապիկը։ Նկարեք կենդանիներին ցածրահասակից դեպի բարձրահասակ՝ յուրաքանչյուր կենդանու հասակը ցույց տալու համար։

Նկարեք

Գրեք

_____

_____

_____

ՄԻԱՎՈՐՆԵՐԻ ՊԱՏՄՈՒԹՅՈՒՆ | Դաս 2 Խնդիրներ | 1•3

Անուն _____ Ամսաթիվ _____

1. **Օգտագործեք թղթե ժապավեն, որ ձեր ուսուցիչը ձեզ կտա՝ յուրաքանչյուր նկարը չափելու համար:** Շրջանակի մեջ վերցրեք այն բառերը, որոնք անհրաժեշտ են նախադասությունը ճիշտ դարձնելու համար: Այնուհետև, լրացրեք բաց թողնված մասը:

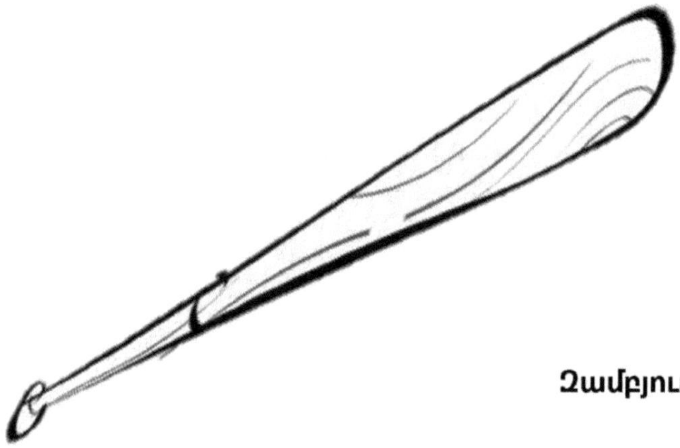

Զամբյուղը | ավելի երկար, քան / ավելի կարճ, քան, / կամ միևնույն երկարության | թղթի սեղմակ:

Գիրքը | ավելի երկար, քան / ավելի կարճ, քան, / կամ միևնույն երկարության | թղթի սեղմակ:

Բեյսբոլի **մահակը,** _____ քան **գիրքը:**

Դաս 2: Համեմատեք երկարությունը օգտագործելով անուղղակի համեմատություն, գտնելով առարկաներ որոնք ավելի երկար են քան, *ավելի կարճ են քան* և հավասար են երկարությամբ թեկին

Copyright © Great Minds PBC

191

2. Լրացրեք նախադասությունները՝ գրելով ավելի երկար, քան ավելի կարճ, քան, կամ միևնույն երկարության՝ նախադասությունները ճիշտ դարձնելու համար:

ա.

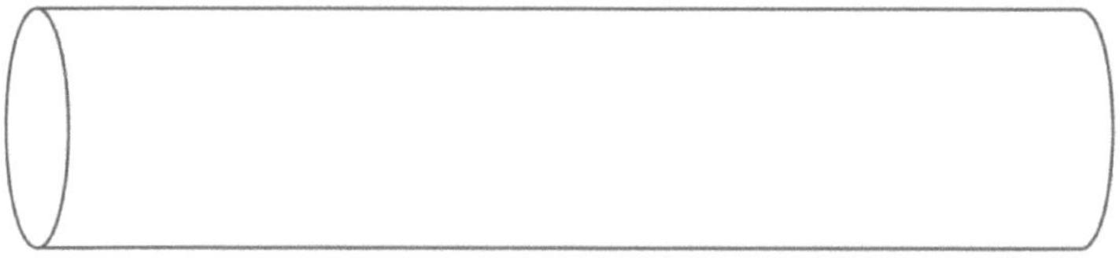

Խողովակը ________________________ է, քան **բաժակը**:

բ.

Արդուկը ________________________ քան **արդուկի սեղանը**:

Օգտագործեք խնդիր 1-ի և 2-ի չափումները: Շրջանակի մեջ վերցրեք այն բառը, որով նախադասությունը ճիշտ է դառնում:

3. Բեյսբոլի մահակը (**երկար է/կարճ է**) , քան բաժակը:

4. Բաժակը(**երկար է/կարճ է**) , քան արդուկի սեղանը:

5. Արդուկի սեղանը (**երկար է/կարճ է**) ,քան գիրքը:

6. Այս առարկաները դասավորեք հերթականությամբ՝ ամենակարճից՝ ամենաերկարը:

բաժակ, խողովակ և թղթե ժապավեն

________________ ________________ ________________

Դաս 2: Համեմատեք երկարությունը օգտագործելով անուղղակի համեմատություն, գտնելով առարկաներ որոնք ավելի երկար են քան, ավելի կարճ են քան և հավասար են երկարությամբ թելին

Նկարեք նկար, որը ձեզ կօգնի լրացնել չափման նախադասությունները: Շրջանակի մեջ վերցրեք այն բառերը, որոնք նախադասությունը ճիշտ կդարձնեն:

7. Սեմին Դիոնից բարձրահասակ է:
   Ջանելը Սեմից բարձրահասակ է:
   Դիոնը **(ավելի բարձրահասակ է քան/ավելի ցածրահասակ է քան)** Ջանելը:

8. Լաուրայի վզնոցն ավելի երկար է, քան Միհալինը:
   Լաուրայի վզնոցն ավելի կարճ է, քան Սառայինը:
   Սառայի վզնոցն **(ավելի երկար է, քան/ավելի կարճ է, քան)** Միհալի վզնոցը:

Անուն ______________________________ Ամսաթիվ ______________

Նկարեք նկար, որը ձեզ կօգնի լրացնել չափման նախադասությունները: Շրջանակի մեջ վերցրեք այն բառերը, որոնք նախադասությունը ճիշտ կդարձնեն:

Տանյայի տիկնիկն ավելի կարճահասակ է, քան Ալինի տիկնիկը:

Միռայի տիկնիկն ավելի բարձրահասակ է, քան Ալինի տիկնիկը:

Տանյայի տիկնիկն **(ավելի բարձրահասակ է քան/ավելի ցածրահասակ է քան)** Միռայի տիկնիկը:

ՄԻԱՎՈՐՆԵՐԻ ՊԱՏՄՈՒԹՅՈՒՆ Դաս 2 Ձևանմուշ 1•3

Եթե ______________ ավելի երկար
(դասարանի առարկա)
է , քան իմ ոտքը և

______________ ավելի կարճ
(դասարանի առարկա)
է , քան իմ ոտքը, ուրեմն

___________ ավելի երկար է , քան
(դասարանի առարկա)
______________:
(դասարանի առարկա)

Իմ ոտքը նույն երկարության է,
ինչ ________________:
(դասարանի առարկա)

անուղղակի համեմատության պնդում

Կարդացեք

Նկարեք մեկ նկար՝ համապատասխանեցնելու համար այս երկու նախադասություններին:

Գիրքը ավելի երկար է, քան ինդեքս քարտը: Գիրքը ավելի կարճ է, քան թղթապանակը:

Ո՞րն է ավելի երկար՝ ինդեքս քարտը, թե թղթապանակը: Պնդում գրեք համեմատելու համար երկու առարկաները: Հարցին պատասխանելու համար օգտագործեք ձեր նկարը:

Գծեք

Գրեք

_____

_____

_____

Անուն ______________________________ Ամսաթիվ ______________

1. Խաղասենյակում Լու Լուն կտրեց լարերի մի կտոր, որը չափում էր տիկնիկային տան տարածքից մինչև այգի հեռավորությամբ: Նա վերցրեց նույն լարը և փորձեց չափել զբոսայգու և խանութի միջև եղած հեռավորությունը, բայց նրա լարը վերջացավ:

Ո՞ր ճանապարհին է ավելի երկար: Շրջանակի մեջ վերցրեք ձեր պատասխանը:

տիկնիկային տնից դեպի զբոսայգի

խանութի մասը

Խանութ

Օգտագործեք նկարը՝ ուղղանկյունների վերաբերյալ հարցերին պատասխանելու համար:

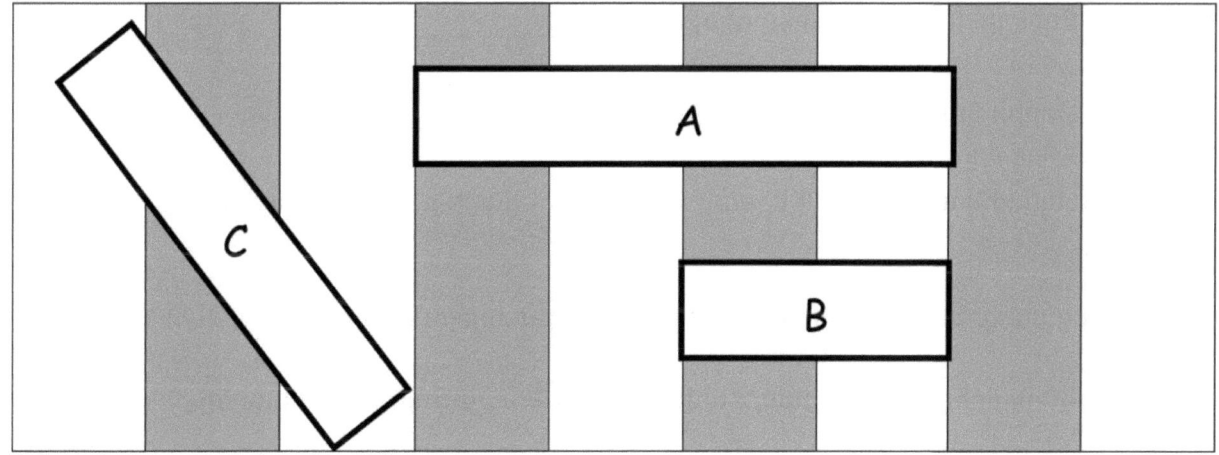

2. Ո՞րն է ամենակարճ ուղղանկյունը: ______________

3. Եթե ուղղանկյուն Ա-ն ավելի երկար է, քան ուղղանկյուն Գ-ն, ապա ամենաերկար ուղղան կյունը ______________:

4. Հերթականությամբ դասավորեք ուղղանկյունները՝ ամենակարճից ամենաերկարը:

______________ ______________ ______________

Դաս 3: Հերթականությամբ դասավորեք երեք երկարությունները՝ օգտագործելով անուղղակի համեմատություն

Օգտագործեք նկարը՝ պատասխանելու աշակերտների՝ դպրոցի ճանապարհի վերաբերյալ հարցերին:

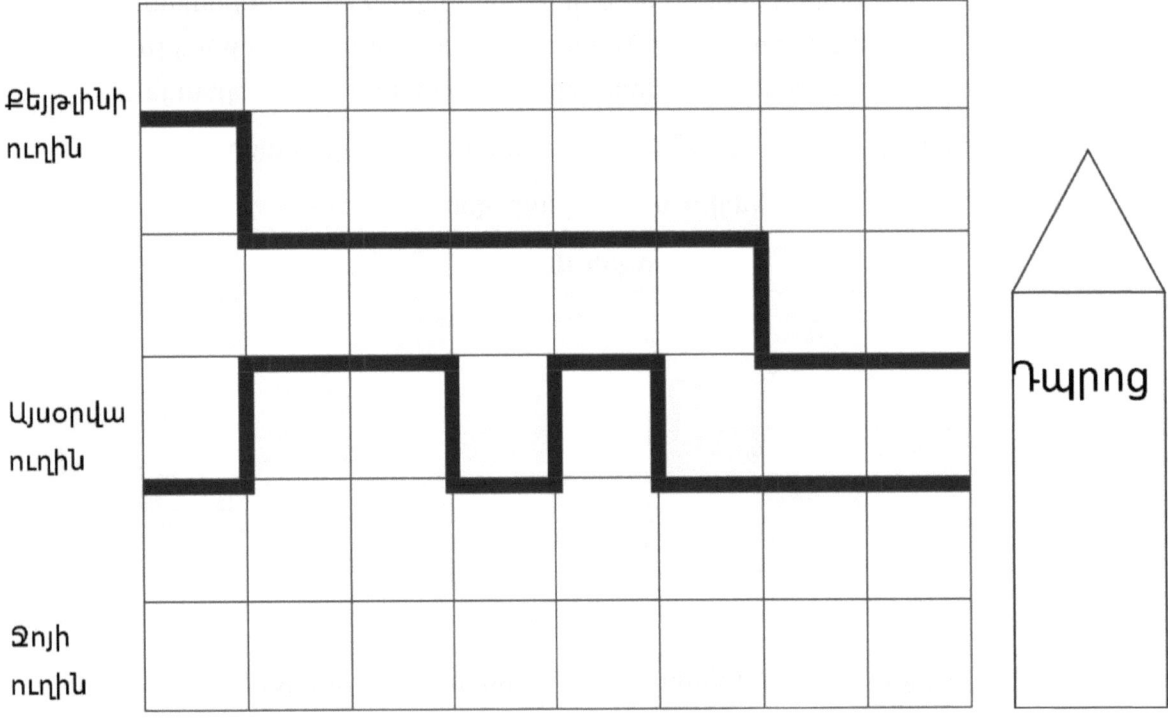

5. Որքա՞ն է Քայտլինի ճանապարհը դեպի դպրոց: ____________________ շենքեր

6. Որքա՞ն է Թոբիի ճանապարհը դեպի դպրոց: __________________ շենքեր

7. Ջոյի ճանապարհն ավելի կարճ է, քան Քայթլինը: Նկարե՛ք Ջոյի ճանապարհը:

Շրջանակի մեջ վերցրեք այն բառերը, որոնք նախադասությունը ճիշտ կդարձնեն:

8. Թոբիի ճանապարհը **ավելի երկար/ավելի կարճ է** քան Ջոյի ճանապարհը:

9. Ո՞վ է անցնում ամենակարճ ճանապարհը դեպի դպրոց: ______________________________

10. Ճանապարհները դասավորեք հերթականությամբ՝ ամենակարճից՝ ամենաերկարը:

______________________ ______________________ ______________________

Անուն ______________________________ Ամսաթիվ ______________

Օգտագործեք նկարը՝ ուսանողների թանգարան տանող ուղիների վերաբերյալ հարցերին պատասխանելու համար:

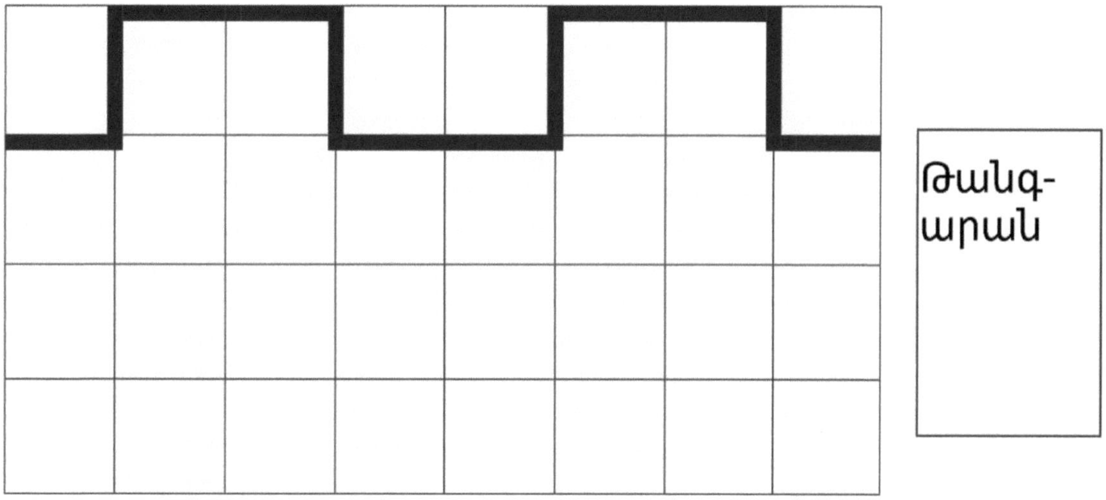

Կիմի ուղին
Իկոյի ուղին
Թանգ-
արան

1. Որքա՞ն է Քիմի ճանապարհը մինչև թանգարան: ____________________ շենք

2. Իկոյի ճանապարհին ավելի կարճ է, քան Քիմի ճանապարհը: Նկարեք Իկոյի ճանապարհը:

Շրջանակի մեջ վերցրեք այն բառերը, որոնք նախադասությունը ճիշտ կդարձնեն:

3. Քիմի ճանապարհին **ավելի երկար է/ավելի կարճ է,** քան Իկոյի ճանապարհը:

4. Որքա՞ն է Քիմի ճանապարհը մինչև թանգարան: ____________________ շենք

Դաս 3: Հերթականությամբ դասավորեք երեք երկարությունները՝ օգտագործելով անուղղակի համեմատություն

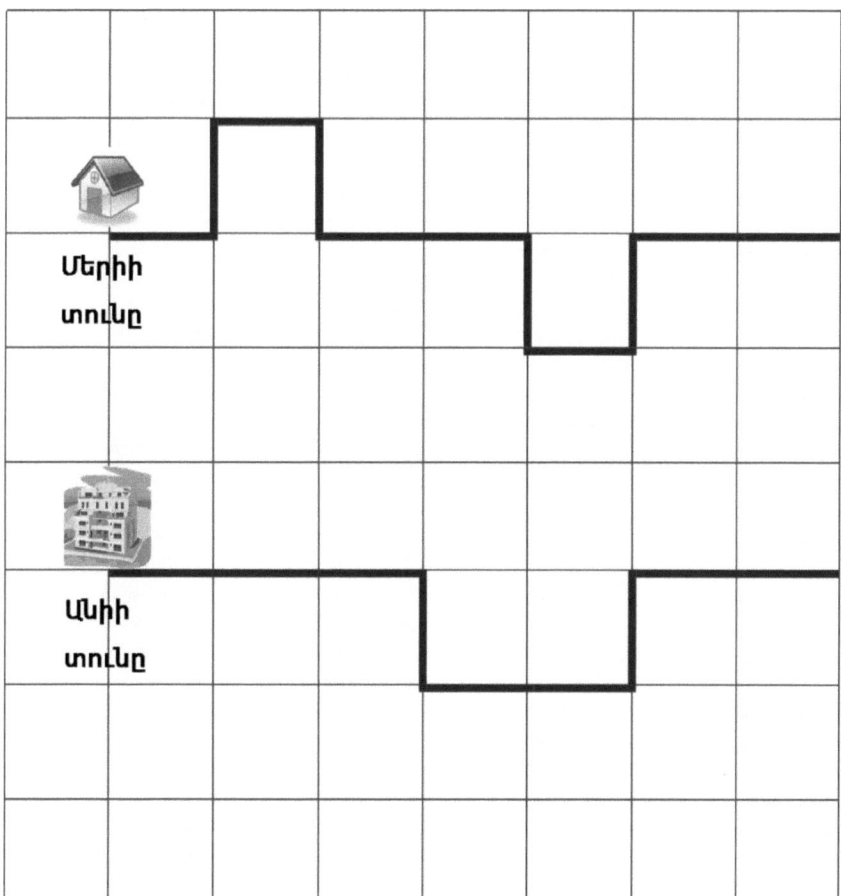

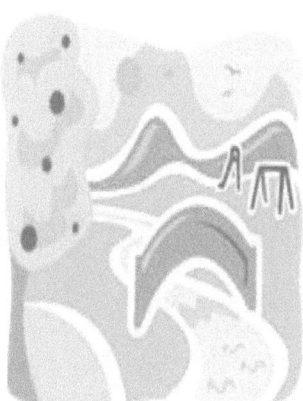

____

քաղաքային շենքերի ցանց

Դաս 3: Հերթականությամբ դասավորեք երեք երկարությունները՝ օգտագործելով անուղղակի համեմատություն

Կարդացեք

Ջոնը լարով չափեց իր սենյակից դեպի քրոջ սենյակը՝ չափելու նրանց միջև եղած հեռավորությունը: Երբ նա փորձեց օգտագործել նույն լարը՝ իր սենյակից մինչև եղբոր սենյակը հեռավորությունը չափելու համար, լարը չհասավ: Ո՞ր սենյակն էր ավելի մոտ Ջոնի սենյակին, նրա քրոջ, թե եղբոր սենյակին:

Նկարեք

Գրեք

_____

_____

_____

Անուն ____________________ Ամսաթիվ ____________

Չափեք յուրաքանչյուր նկարի երկարությունը Ձեր խորանարդներով: Լրացրեք ստորև պնդումը:

1. Մատիտի երկարությունը ________ սանտիմետր խորանարդ է:

2. Թավայի երկարությունը ________ սանտիմետր խորանարդ է:

3. Կոշիկի երկարությունը ________ սանտիմետր խորանարդ է:

4. Շշի երկարությունը ________սանտիմետր խորանարդ է:

5. Վրձինի երկարությունը ________ սանտիմետր խորանարդ է:

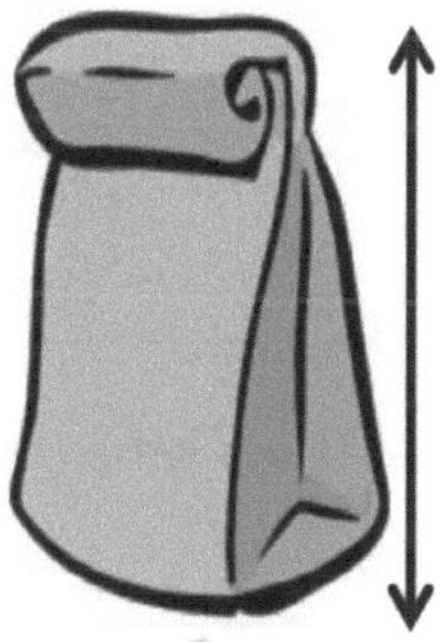

6. Պայուսակի երկարությունը ________ >սանտիմետր խորանարդ է:

7. Մրջյունի երկարությունը ________ սանտիմետր խորանարդ է:

8. Տորթի երկարությունը ________ սանտիմետր խորանարդ է:

Դաս 4: Արտահայտեք առարկայի երկարությունը՝ օգտագործելով սանտիմետր խորանարդներ որպես երկարության միավոր չափելու համար՝ առանց բացթողումների կամ համընկնումների

9.

Կովիկ պիտակը _____ սանտիմետր խորանարդ է:

10.

Ծաղկամանի երկարությունը _____ սանտիմետր խորանարդ է:

11. Շրջանակի մեջ վերցրեք այն նկարը, որը ցույց է տալիս չափելու ճիշտ ձևը:

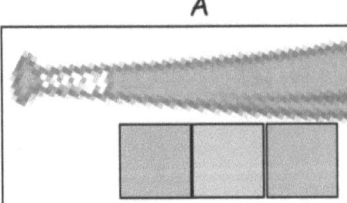

A

3 սանտիմետր խորանարդ

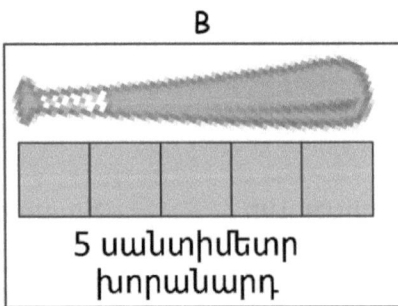

B

5 սանտիմետր խորանարդ

12. Ինչպե՞ս եք շտկում նկարը, որը ցույց է տալիս սխալ չափում:

_____

_____

ՄԻԱՎՈՐՆԵՐԻ ՊԱՏՄՈՒԹՅՈՒՆ | Դաս 4 Ստուգողական աշխատանք | 1•3

Անուն _____ Ամսաթիվ _____

1.

Նկարների շրջանակը մոտավորապես _____ սանտիմետր խորանարդ երկարություն ունի:

2.

Տղայի *հենակը* մոտավորապես _____ սանտիմետր խորանարդ երկարություն ունի:

Դաս 4 : Արտահայտեք առարկայի երկարությունը՝ օգտագործելով սանտիմետր խորանարդներ որպես երկարության միավոր չափելու համար՝ առանց բացթողումների կամ համընկնումների

Անուն ______________________________ Ամսաթիվ ________________

Դասարանի առարկաներ:	Երկարությունը օգտագործել սանտիմետր խորանարդով:
սոսինձ	________ սանտիմետր խորանարդ երկարություն
չոր ջնջվող մարկեր	________ սանտիմետր խորանարդ երկարություն
արհեստի փայտիկ	________ սանտիմետր խորանարդ երկարություն
թղթե սեղմակ	________ սանտիմետր խորանարդ երկարություն
	________ սանտիմետր խորանարդ երկարություն
	________ սանտիմետր խորանարդ երկարություն
	________ սանտիմետր խորանարդ երկարություն

չափման գրանցման թերթիկ

EUREKA MATH Դաս 4 : Արտահայտեք առարկայի երկարությունը՝ օգտագործելով սանտիմետր խորանարդներ որպես երկարության միավոր չափելու համար՝ առանց բացթողումների կամ համընկնումների 213

Կարդացեք

Էմին օգտագործեց սանտիմետր խորանարդներ իր գրքի երկարությունը չափելու համար։ Նա օգտագործել է 8 սանիմետր խորանարդ և 4 կարմիր սանիմետր խորանարդ։ Քանի՞ սանտիմետր խորանարդ էր նրա գիրքը։

Նկարեք

Գրեք

Անուն ______________________________ Ամսաթիվ ______________

1. Շրջանակի մեջ առեք օբյեկտը(ներ), որոնք ճիշտ չափված են:

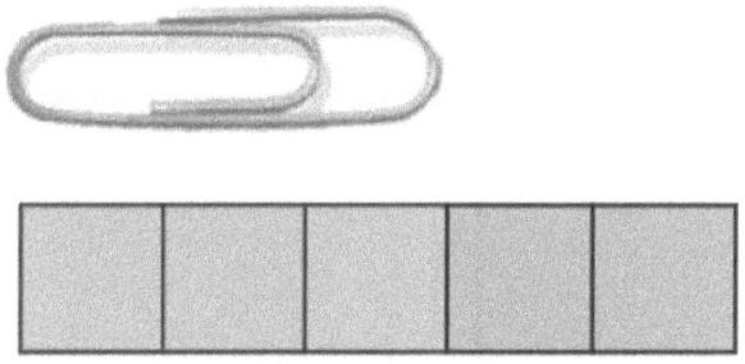

a.

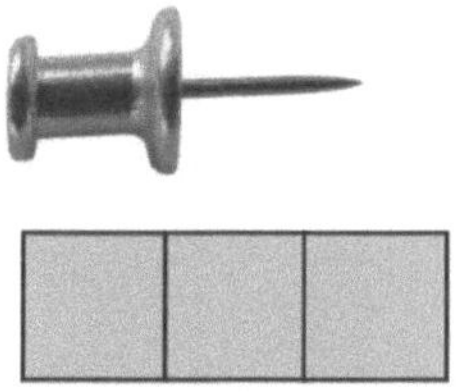

3 սանտիմետր

b.

5 սանտիմետր

c.

4 սանտիմետր

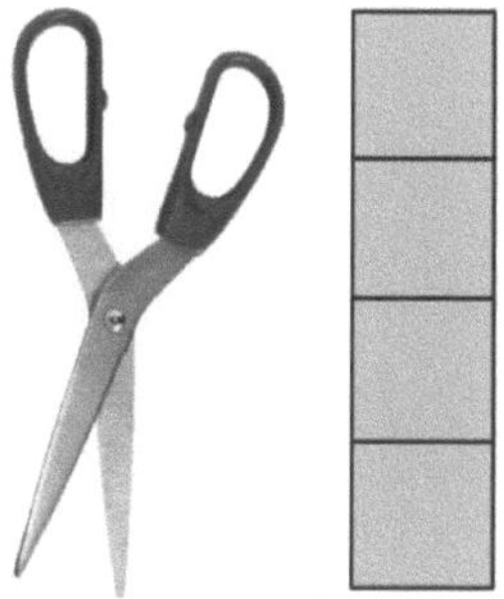

2. Չափեք թղթի ամրակը 1(բ) ձեր խորանարդների հետ: Այնուհետև, ստուգեք խորանարդները ձեր սանտիմետրային քանոնով:

Թղթե ամրակի երկարությունը __________ *սանտիմետր* խորանարդ է:
Թղթե ամրակը __________ *սանտիմետր* երկարությամբ է:

Եղիր պատրաստ բացատրելու, թե ինչու՞ են դրանք նույնը կամ տարբեր ամփոփման ժամանակ:

3. Յուրաքանչյուր նկարի երկարությունը գտնելու համար օգտագործեք սանտիմետր խորանարդներ՝ ձախից աջ: Լրացրեք պնդումը յուրաքանչյուր նկարի երկարության սանտիմետրերով:

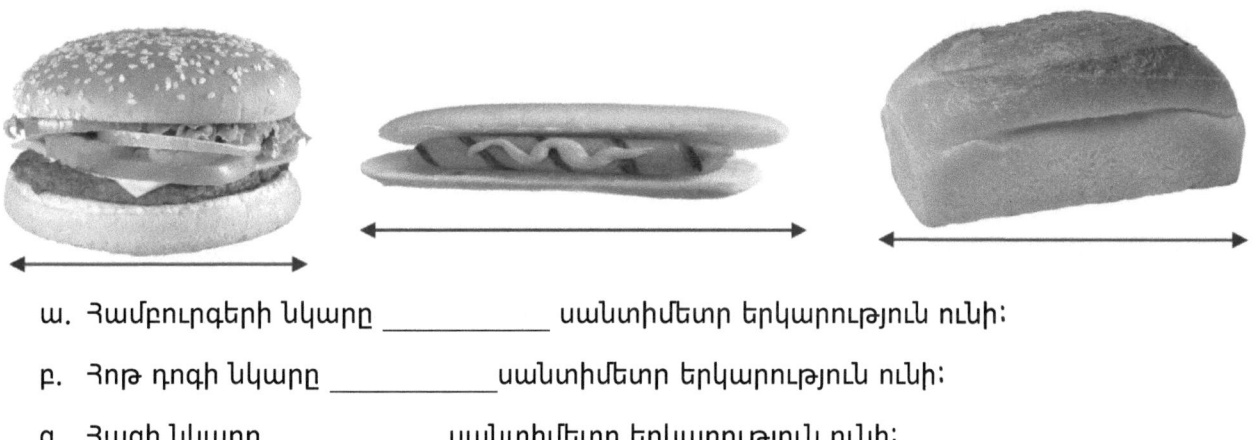

ա. Համբուրգերի նկարը __________ սանտիմետր երկարություն ունի:

բ. Հոթ դոգի նկարը __________սանտիմետր երկարություն ունի:

գ. Հացի նկարը __________ սանտիմետր երկարություն ունի:

Դաս 5: Վերանվանեք և չափեք սանտիմետր խորանարդով՝ օգտագործելով սանտիմետրի ստանդարտ անվանումը
217

Copyright © Great Minds PBC

4. Օգտագործեք սանտիմետր խորանարդներ՝ ստորև օբյեկտները չափելու համար: Լրացրեք յուրաքանչյուր առարկայի երկարությունը:

ա.

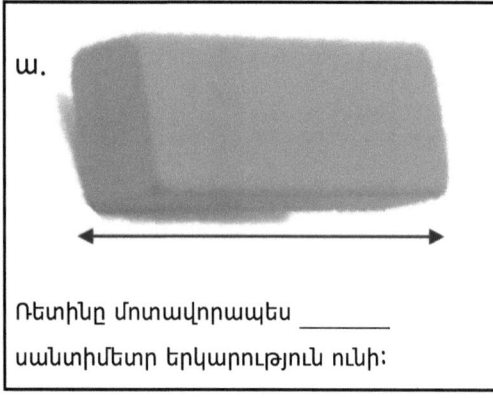

Ռետինը մոտավորապես _______ սանտիմետր երկարություն ունի:

բ.

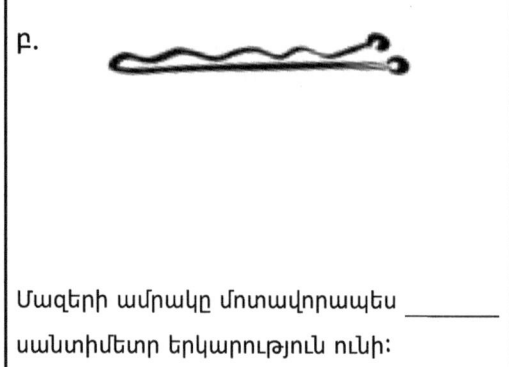

Մազերի ամրակը մոտավորապես _______ սանտիմետր երկարություն ունի:

գ.

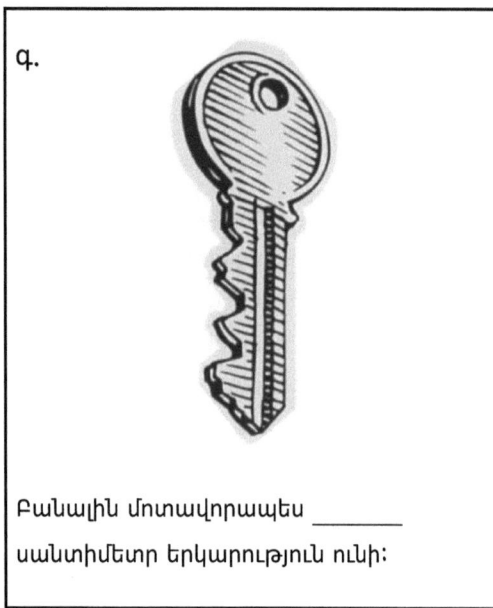

Բանալին մոտավորապես _______ սանտիմետր երկարություն ունի:

դ.

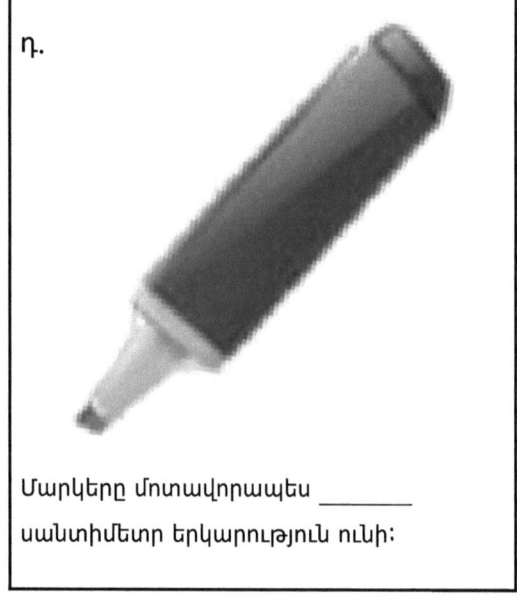

Մարկերը մոտավորապես _______ սանտիմետր երկարություն ունի:

5. Ռետինը ավելի երկար է, քան ____________________,բայց ավելի կարճ է ,քան____________________.

6. Շրջանակի մեջ վերցրեք այն բառը, որը նախադասությունը ճիշտ է դարձնում:

Եթե թղթի ամրակը ավելի կարճ է քան բանալին **,ապա նշիր** ավելի երկար է/կարճ, քան թղթի ամրակը:

EUREKA MATH

Անուն _____ Ամսաթիվ _____

Օգտագործեք սանտիմետր խորանարդներ՝ նյութերը չափելու համար: Լրացրե՛ք նախադասությունները:

1. Ջրի շիշը մոտավորապես _____ սանտիմետր բարձրություն ունի:

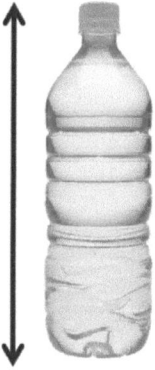

2. Սեխը մոտավորապես _____ սանտիմետր երկար է:

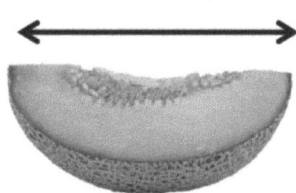

3. Պտուտակը մոտավորապես _____ սանտիմետր երկար է:

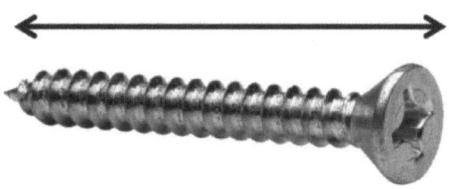

4. Անձրևանոցը մոտավորապես _____ սանտիմետր բարձրություն ունի:

Կարդացեք

Ջուլիայի շուշակը 15 սանտիմետր երկարություն ունի։ Նա չափեց շուշակը 9 կարմիր սանտիմետր խորանարդով և մի քանի կապույտ սանտիմետր խորանարդներով։ Քանի՞ կապույտ սանտիմետր խորանարդ է օգտագործել։ Մի մոռացեք օգտագործել Կարդալ-Գծել-Գրել (Կ-Գ-Գ) մեթոդը։

Նկարեք

Գրեք

ՄԻԱՎՈՐՆԵՐԻ ՊԱՏՄՈՒԹՅՈՒՆ Դաս 6 Խնդիրներ 1•3

Անուն ______________________ Ամսաթիվ ______________

1. Հերթականությամբ դասավորեք միջատները՝ ամենաերկարից ամենակարճը՝ գրելով միջատի անունը գծերի վրա: Օգտագտագործեք սանտիմետր խորանարդներ ձեր պատասխանը ստուգելու համար: Յուրաքանչյուր միջատի երկարությունը գրեք նկարի աջ կողմում:

Ամենաերկարից՝ ամենակարճը միջատները սրանք են

______________ ______________ ______________

Ճանճ

____ սանտիմետր

Թրթուր

____ սանտիմետր

Մեղու

____ սանտիմետր

Դաս 6: Հերթականությամբ դասավորեք, չափեք և համեմատեք առարկաների երկարությունը՝ *սանտիմետր խորանարդներով չափելուց առաջ և հետո և* դա անելիս համեմատեք տարբեր անհայտ բառային խնդիրները

2. Դասավորեք ներքևի օբյեկտները ամենակարճից մինչև ամենաերկար՝ օգտագործելով **1**, **2**, և **3** համարները: Օգտագործեք ձեր սանտիմետր խորանարդները՝ ձեր պատասխանները ստուգելու համար, այնուհետև լրացրեք նախադասությունները դ,ե,ֆ,և գ առաջադրանքների համար:

ա. Աղմուկ արտադրող. __________

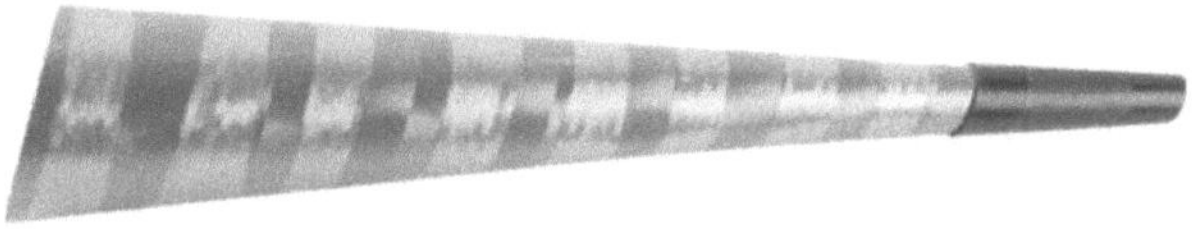

բ. Փուչիկը. __________

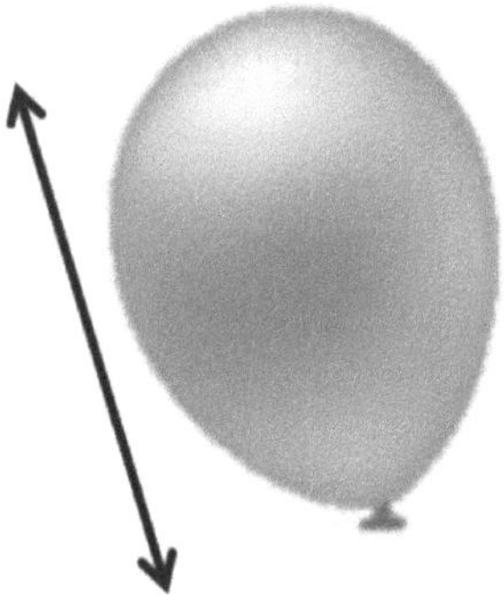

գ. Նվերը. __________

դ. Նվերը մոտավորապես __________ սանտիմետր երկարություն ունի:ա

ե. Աղմուկ արտադրողը մոտավորապես __________սանտիմետր երկարություն ունի:

զ. Փուչիկը մոտավորապես _______սանտիմետր երկարություն ունի:

է. Աղմուկ արտադրողը մոտավորապես __________ սանտիմետրերով ավելի երկար է, քան նվերը:

Օգտագործեք սանտիմետր խորանարդներ՝ մոդելավորելու համար յուրաքանչյուրի երկարությունը և պատասխանեք հարցին: Հիմնավորեք ձեր պատասխանը:

3. Պետրոսի խաղալիքը՝ Տ.ռեքսն 11 սանտիմետր բարձրություն ունի, իսկ նրա խաղալիք Վիլաքիրապտորը 6 սանտիմետր բարձրություն ունի: Որքա՞ն ավելի բարձր է Տ.ռեքսը, քան Վիլաքիրապտորը:

4. Միգելի մատիտը գլորվեց 17 սանտիմետր, իսկ Սոնայի մատիտը գլորվեց 9 սանտիմետր: Որքանո՞վ էր ավելի քիչ գլորվել Սոնայի մատիտը քան՝ Միգելինը:

5. Տանիան պատրաստում է խորանարդների աշտարակ, որը 3 սանտիմետրով ավելի բարձր է, քան Վինսի աշտարակը: Եթե Վինսի աշտարակը 9 սանտիմետր բարձրություն ունի, ապա որքա՞ն է Տանիայի աշտարակը:

Անուն _____ Ամսաթիվ _____

Կարդացեք գործիքի չափման միավորները:

Պտուտակը 8 սանտիմետր երկարություն ունի:

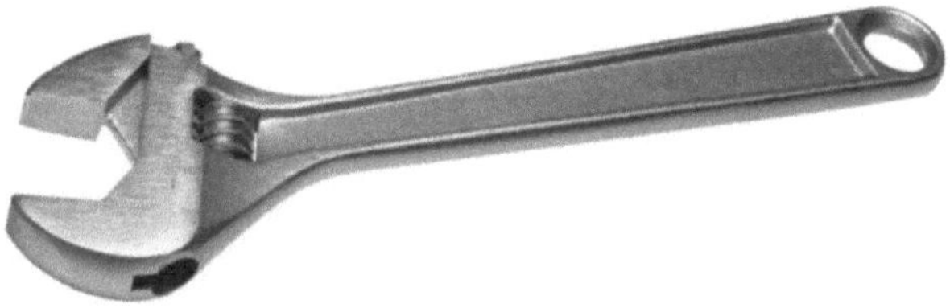

Պտուտակահանը 12 սանտիմետր երկարություն ունի:

Մուրճը 9 սանտիմետր երկարություն ունի:

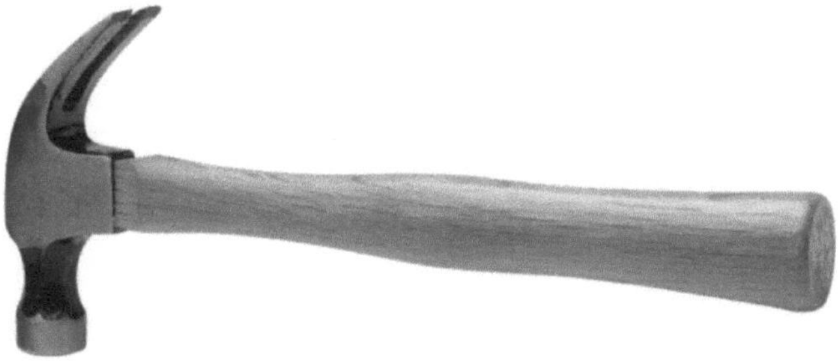

1. Դասավորեք գործիքային նկարներ ամենակարճից մինչև ամենաերկար:

   _____   _____   _____

2. Պտուտակահանը որքա՞ն է ավելի երկար, քան պտուտակավորը:

   Պտուտակահանը սանտիմետրից ավելի երկար է _____, քան պտուտակավորը:

ՄԻԱՎՈՐՆԵՐԻ ՊԱՏՄՈՒԹՅՈՒՆ   Դաս 7 Գործնական խնդիր   1•3

Կարդացեք

Երբ Քորեյն չափում է իր նոր մատիտը նա օգտագործում է 19 սանտիմետր խորանարդ: Մատիտները սրելուց հետո նրան անհրաժեշտ է 4-ով պակաս սանտիմետր խորանարդ: Որքա՞ն է Քորեյի մատիտի երկարությունը սրելուց հետո: Օգտագործեք սանտիմետր խորանարդ խնդիրը լուծելու համար: Գրեք թվային արտահայտություն և պնդում հարցին պատասխանելու համար:

Նկարեք

Դաս 7: Չափեք նույն առարկաները թեմա Բ-ից՝ տարբեր ոչ ստանդարտ միավորներով՝ միաժամանակ հաշվի առեք հաստատուն միավորով չափելու անհրաժեշտությունը

229

Գրեք

Անուն ______________________________ Ամսաթիվ ______________

1. Չափեք յուրաքանչյուր օբյեկտի երկարություն **ՄԵԾ** թղթի ամրակներով: Լրացրեք աղյուսակը ձեր չափումներով:

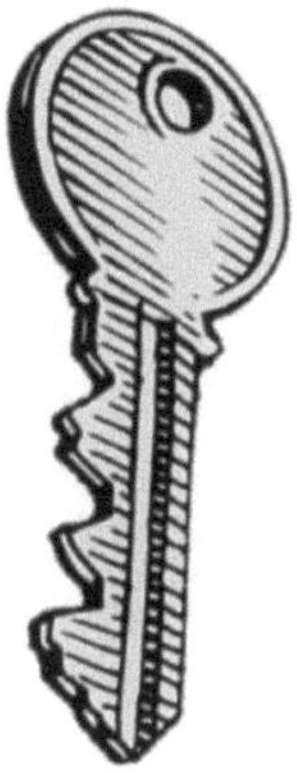

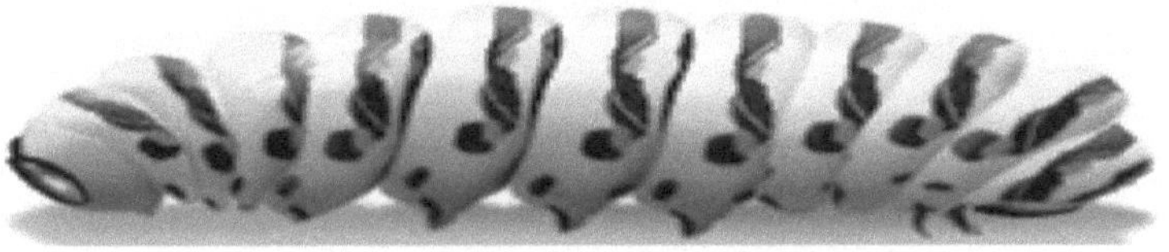

Առարկայի անվանումը	Փոքր թղթի ամրակների քանակը
a. շիշ	
b. թրթուր	
c. Բանալի	
d. գրիչ	
e. կովիկ պիտակ	
f. Խնդիրների թերթիկ ↕	
g. ընթերցանության գիրք (դասարանից)	

Կով

Դաս 7: Չափեք նույն առարկաները Թեմա Բ-ից՝ տարբեր ոչ ստանդարտ միավորներով՝ միաժամանակ հաշվի առեք հաստատուն միավորով չափելու անհրաժեշտությունը

2. Չափեք յուրաքանչյուր օբյեկտի երկարություն **ՓՈՔՐ** թղթի ամրակներով: Լրացրեք աղյուսակը ձեր չափումներով:

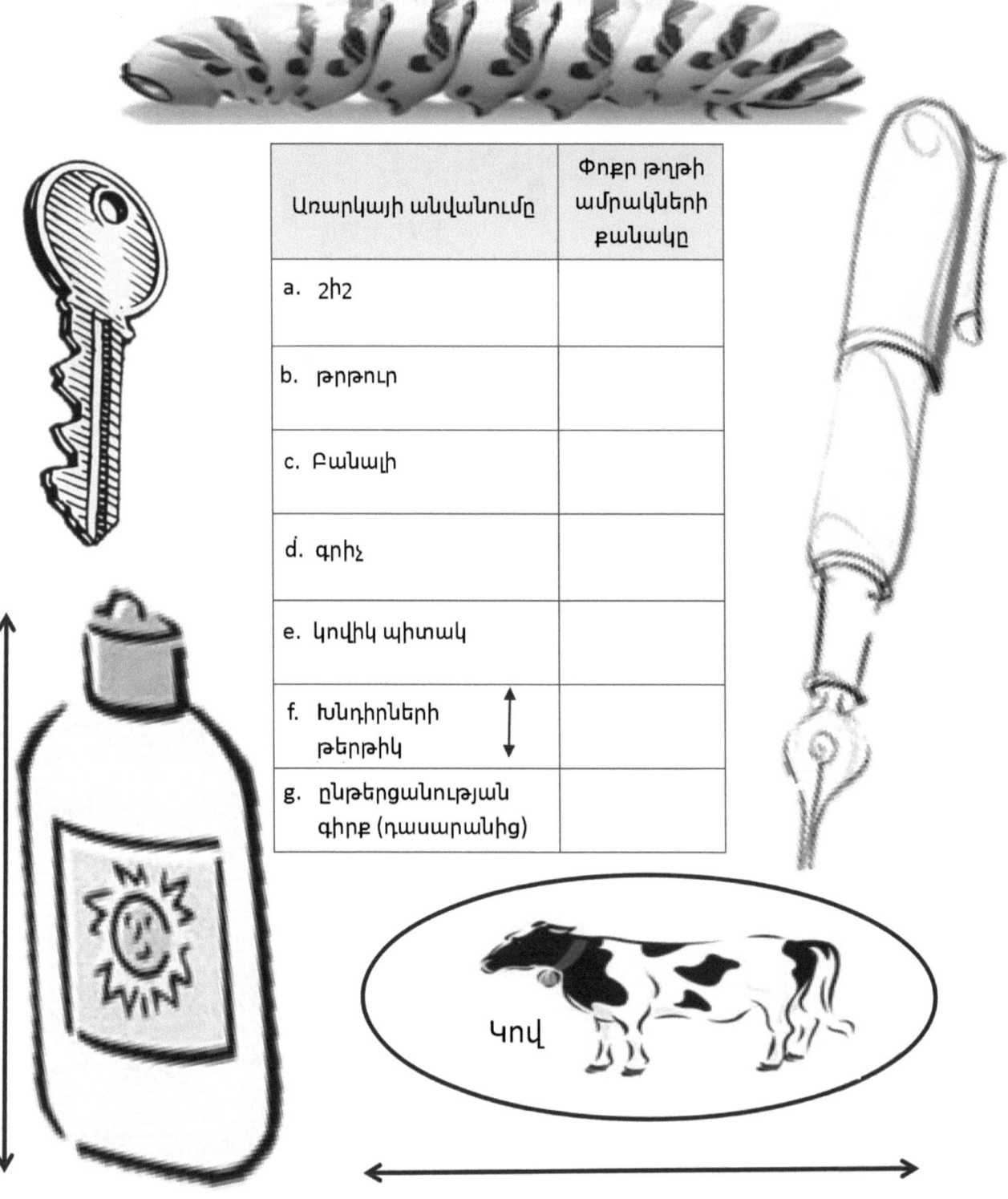

Առարկայի անվանումը	Փոքր թղթի ամրակների քանակը
a. շիշ	
b. թրթուր	
c. Բանալի	
d. գրիչ	
e. կովիկ պիտակ	
f. Խնդիրների թերթիկ ↕	
g. ընթերցանության գիրք (դասարանից)	

EUREKA MATH

ՄԻԱՎՈՐՆԵՐԻ ՊԱՏՄՈՒԹՅՈՒՆ   Դաս 7 Գնահատման թերթիկ   1•3

Անուն _____   Ամսաթիվ _____

Չափեք յուրաքանչյուր օբյեկտի երկարություն **մեծ** թղթի ամրակներով: Ապա, չափեք յուրաքանչյուր օբյեկտի երկարություն **փոքր** թղթի ամրակներով: Լրացրեք աղյուսակը ձեր չափումներով:

Առարկայի անվանումը	Մեծ թղթի ամրակների քանակը	Փոքր թղթի ամրակների քանակը
ա. նետ		
բ. մոմ		
գ. ծաղկաման և ծաղիկ		

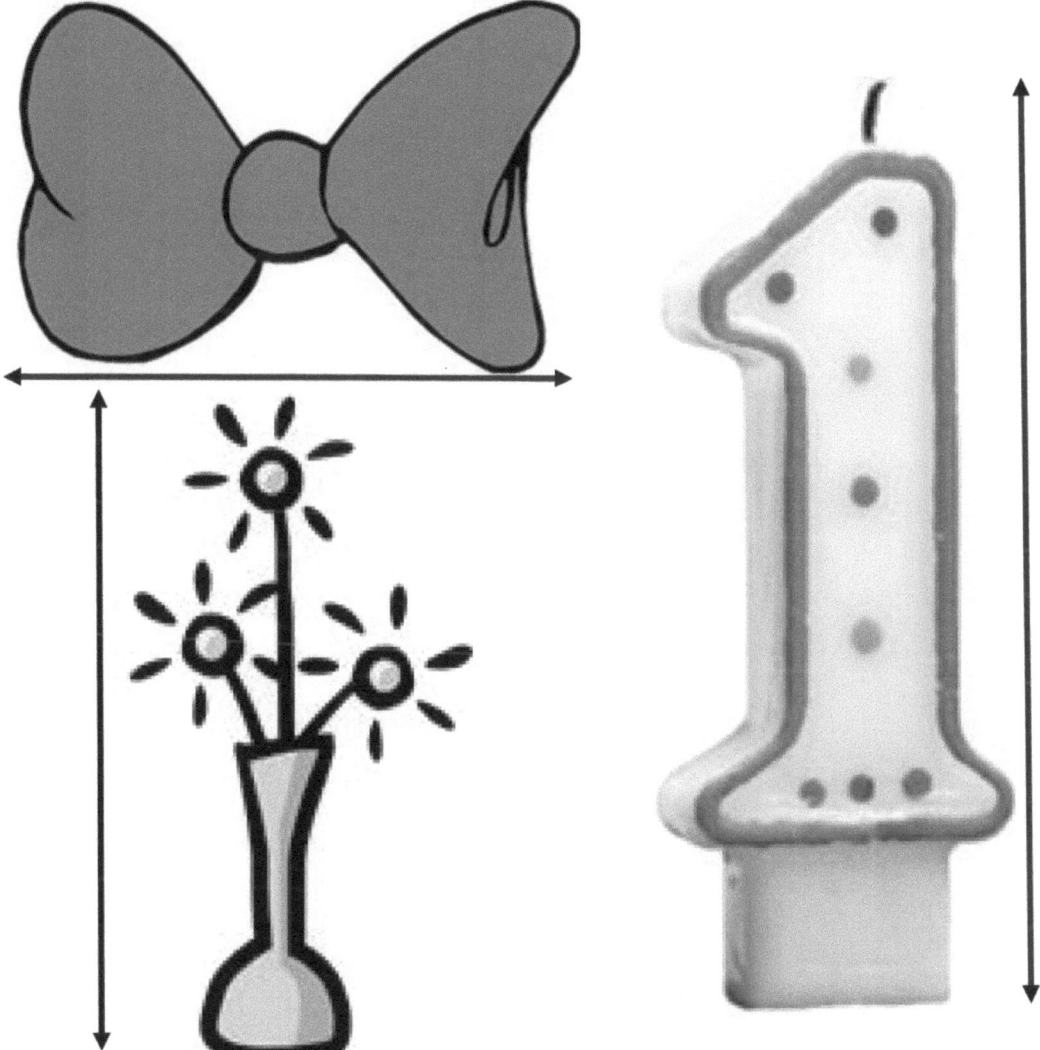

Կարդացեք

Ունեմ 2 յուղաներկ: Յուրաքանչյուր յուղաներկ 9 սանտիմետր երկարությամբ է: Ես նաև ունեմ վրձին: Վրձինը նույն երկարության է ինչ 2 յուղաներկը: Քանի՞ սանտիմետր խորանարդ է վրձինը: Օգտագործեք սանտիմետր խորանարդ խնդիրը լուծելու համար: Ապա նկարեք նկար, գրեք թվային արտահայտություն և պնդում հարցին պատասխանելու համար:

Նկարեք

Գրեք

_____

_____

_____

ՄԻԱՎՈՐՆԵՐԻ ՊԱՏՄՈՒԹՅՈՒՆ   Դաս 8 Խնդիրներ   1•3

Անուն _____   Ամսաթիվ _____

Շրջանակի մեջ վերցրեք երկարության միավորը, որը պետք է օգտագործեք չափելիս։ Երկարության միևնույն միավորը օգտագործեք բոլոր առարկաների համար։

Փոքր թղթի ամրակներ   Մեծ թղթի ամրակներ

Ատամի մածուկներ    սանտիմետր խորանարդ

Չափե՛ք սխեմայում նշված յուրաքանչյուր առարկան և նշե՛ք չափումը։ Ավելացրեք այլ առարկաներ Ձեր դասասենյակից և նշեք չափումները։

Դասարանի առարկա	Չափում
ա. սոսինձ	
բ. չոր ջնջվող մարկեր	
գ. չսրված մատիտ	
դ. անձնական սպիտակ գրատախտակ	
ե.	
զ.	
է.	

Դաս 8: Հասկացեք, որ պետք է օգտագործեք նույն միավորները երբ համեմատում եք չափումները

237

ՄԻԱՎՈՐՆԵՐԻ ՊԱՏՄՈՒԹՅՈՒՆ   Դաս 8 Գնահատման թերթիկ   1•3

Անուն _____   Ամսաթիվ _____

Շրջանակի մեջ վերցրեք երկարության միավորը, որը պետք է օգտագործեք չափելիս: Երկարության միևնույն միավորը օգտագործեք բոլոր առարկաների համար:

Փոքր թղթի ամրակներ

Մեծ թղթի ամրակներ

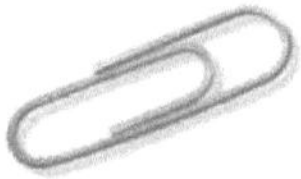

Ատամի մածուկներ

սանտիմետր խորանարդ

Գրատախտակի վրայի առարկաներից ընտրեք երկու առարկա, որը կցանկանաք չափել: Չափեք յուրաքանչյուր առարկա և գրանցեք չափումները:

Դասարանի առարկա	Չափում
ա.	
բ.	

Դաս 8: Հասկացեք, որ պետք է օգտագործեք նույն միավորները երբ համեմատում եք չափումները

Կարդացեք

Քոլին գնեց հիանալի և հավելյալ երկարությամբ մատիտ, որը, 14 սանտիմետր է: Նրա մշտական յուղաներկը 9 սանտիմետր երկարությամբ է: Օգտագործեք սանտիմետր խորանարդներ պարզելու համար, թե որքանով է երկար նրա նոր մատիտը՝ մշտական մատիտից:

Հարցին պատասխանելու համար գրեք պնդում: Թվային արտահայտություն գրեք ցույց տալու համար, թե ինչ եք արել:

Նկարեք

ՄԻԱՎՈՐՆԵՐԻ ՊԱՏՄՈՒԹՅՈՒՆ | Դաս 9 Գործնական խնդիր 1•3

Գրեք

_____

_____

_____

Դաս 9: Պատասխանեք, համեմատեք անհայտ տարբերությամբ խնդիրները՝ տարբեր առարկաների երկարության վերաբերյալ, որոնք չափվել են սանտիմետրով

Անուն ______________________________ Ամսաթիվ ______________

1. Նայեք ստորև նկարին: **Որքանո՞վ է երկար Կիթառ A-ն՝ Կիթառ B-ից:**

Կիթառ Ա-ն ______ միավոր(ներ) **ավելի երկար է,** քան Կիթառ Բ-ն:

2. Չափե՛ք յուրաքանչյուր առարկան սանտիմետր խորանարդով:

Կապույտ գրիչը _______ ______________________:

Դեղին գրիչը _______ ______________________:

3. Որքա՞ն **ավելի երկար** է դեղին գրիչը՝ համեմատած կապույտ գրիչի:

Դեղին գրիչը _______ սանտիմետր **ավելի երկար է,** քան կապույտ գրիչը:է

4. Որքա՞ն **ավելի** կարճ է կապույտ գրիչը դեղին գրիչից:

Կապույտ գրիչը _______ սանտիմետրով **ավելի կարճ է,** քան դեղին գրիչը:

Օգտագործե՛ք սանտիմետր խորանարդներ՝ մոդելավորելու համար խնդիրը:. Այնուհետև՝ լուծե՛ք նկարելով նկար Ձեր մոդելի և գրելով թվային նախադասություն և պնդում:

5. Օսթինը ցանկանում է պատրաստել 13 սանտիմետր երկարությամբ գնացք: **Եթե գնացքը արդեն 9 սանտիմետր խորանարդ է, քանի՞ խորանարդ է պահանջվում:**

6. Կեայի նավակը 12 սանտիմետր է, իսկ Մեգանի նավակը՝ 8 սանտիմետր: Որքանո՞վ **ավելի կարճ** է Մեգանի նավակը Կեայի նավակից:

7. Քիմը կտրեց 14 սանտիմետրանոց ժապավենից մի կտոր իր մայրիկի համար։ Նրա մայրիկն ասաց, որ այն 8 սանտիմետր է։ Քանի՞ **սանտիմետր** կլինի ժապավենը։

8. Լիի շան պոչը 15 սանտիմետր է։ Քիթի շան պոչը 9 սանտիմետր է, որքա՞ն **երկար** է Լիի շան պոչը, Քիթի շան պոչից։

ՄԻԱՎՈՐՆԵՐԻ ՊԱՏՄՈՒԹՅՈՒՆ Դաս 9 Գնահատման թերթիկ 1•3

Անուն ____ Ամսաթիվ __________________

Օգտագործե՛ք սանտիմետր խորանարդներ՝ մոդելավորելու համար խնդիրը: Ապա նկարեք նկար ձեր մոդելից:

Մոնայի մազերն աճեց 7 սանտիմետրով: Քլեռի մազերն աճեց 15 սանտիմետրով: Որքանո՞վ է **պակաս** Մոնայի մազերի աճը Քլեռի մազերի աճից:

Դաս 9: Պատասխանեք, *համեմատեք անհայտ տարբերությամբ* խնդիրները՝ տարբեր առարկաների երկարության վերաբերյալ, որոնք չափվել են սանտիմետրով

Կարդացեք

Սեղանի վրա կար 14 իր, որ պետք է չափվեին: Արդեն դրանցից 5-ը չափել եմ: Քանի՞ իր մնաց, չափելու համար:

Նկարեք

Գրել

Կա ևս իր չափելու համար:

ՄԻԿՎՈՐՆԵՐԻ ՊԱՏՄՈՒԹՅՈՒՆ　　　　　Դաս 10 Խնդիրներ　1•3

Անուն _____　Ամսաթիվ _____

Մի խումբ մարդկանց հարցրեցին իրենց սիրած գույնի մասին: Կազմակերպե՛ք տվյալները՝ օգտվելով ընդհանուր նիշերից և պատասխանե՛ք հարցերին:

Կարմիր	
Կանաչ	
կապույտ	

1. Քանի՞ մարդ ընտրեց կարմիրը, որպես սիրելի գույն: _____ մարդ հավանում է կարմիր:

2. Քանի՞ մարդ ընտրեց կապույտը, որպես սիրելի գույն: _____ մարդ հավանեց կապույտ:

3. Քանի՞ մարդ ընտրեց կանաչը, որպես սիրելի գույն: _____ մարդ հավանեց կանաչ:

4. Ո՞ր գույն ստացավ ամենաքիչ ձայնը: _____

5. Գրեք թվային արտահայտություն, որը կպատմի այն մարդկանց ընդհանուր թիվը, ում հարցրել էին իրենց սիրելի գույները:

_____

Դաս 10:　Հավաքեք, տեսակավորեք և կազմակերպեք տվյալները, այնուհետև հարցրե՛ք և պատասխանե՛ք հարցերին տվյալների կետերի թվի վերաբերյալ

251

Անուն ______________________________ Ամսաթիվ ______________

Մի խումբ աշակերտների հարցրեցին, թե ինչ են կերել ճաշին: Օգտագործեք ստորև ներկայացված տվյալները՝ հարցերին պատասխանելու համար:

Աշակերտների ճաշեր

ճաշ	Աշակերտների թիվը
սենդվիչ	3
աղցան	5
պիցցա	4

1. Գրեք **աշակերտների** ընդհանուր թիվը, որոնք կերել են պիցցա: ______ աշակերտ(ներ)

2. Ո՞ր ճաշը կերան աշակերտների **մեծ** մասը: ______________

3. Գրեք աշակերտների ընդհանուր թիվը, որոնք կերել են պիցցա և սենդվիչ:

______ աշակերտ(ներ)

4. Գրեք գումարման արտահայտություն **աշակերտների** ընդհանուր քանակը, ում հարցրել էին, թե ինչ են կերել ճաշին:

____

EUREKA MATH

Դաս 10: Հավաքեք, տեսակավորեք և կազմակերպեք տվյալները, այնուհետև հարցրե՛ք և պատասխանե՛ք հարցերին տվյալների կետերի թվի վերաբերյալ

ՄԻԱՎՈՐՆԵՐԻ ՊԱՏՄՈՒԹՅՈՒՆ | Դաս 11 Գործնական խնդիր | 1•3

Կարդացեք

Լարրին հարցրեց իր ընկերոջը, շներն են խելացի, թե՞ կատուները։ Նրա ընկերներից 9-ը կարծում են, որ շներն են խելացի, իսկ 6-ը, որ կատուներն են խելացի։ Աղյուսակ կազմեք՝ ցույց տալու Լարիի հավաքագրումը։ Քանի՞ ընկերոջ է նա հարցրել։

Նկարեք

Գրեք
_____

_____

_____

Անուն ____________________ Ամսաթիվ __________

Բարի գալուստ տվյալների օր: Հետևեք ուղղություններին **հավաքելու** և **կազմակերպելու** տվյալները: Ապա **հարցեր** տվեք **տվյալների մասին** և պատասխանեք:

- Հարց ընտրեք: Շրջանակի մեջ առեք ձեր ընտրությունը:
- Ընտրեք պատասխանի 3 տարբերակ:
- Հարցը տվեք ձեր դասընկերոջը և ցույց տվեք 3 տարբերակները: Գրի առեք տվյալները ձեր դասացուցակում:
- Կազմակերպեք տվյալները ստորև աղյուսակում:

Ո՞ր միրգն եք ամենաշատը սիրում:	Ո՞ր խորտիկն եք ամենաշատը սիրում:	Ի՞նչ եք ամենաշատն անում խաղահրապարակում:	Ո՞ր առարկան եք ամեենաշատը ասիրում:	Ո՞ր կենդանին եք ամենաշատը սիրում:

Պատասխանի տարբերակներ	Աշակերտների թիվը

Դաս 11: Հավաքեք, տեսակավորեք և կազմակերպեք տվյալները, այնուհետև հարցրե՛ք և պատասխանե՛ք հարցերին տվյալների կետերի թվի վերաբերյալ

- Լրացրեք հարցական նախադասության շրջանակները՝ Ձեր տվյալների մասին հարցեր տալու համար:
- Փոխանակեք թերթիկները ընկերոջ հետ և թող ձեր ընկերը պատասխանի հարցերին:

1. Քանի՞ աշակերտ է հավանել __________________ ամենաշատը:

2. Ո՞ր կարգն է ստացել ամենաքիչը ձայները: __________________

3. Որքանո՞վ ավելի շատ աշակերտներ հավանեցին __________________ քան ______________________ :

4. Ո՞րն է աշակերտների ընդհանուր քանակը__________________ կամ __________________ ամենալավը:

5. Քանի՞ աշակերտ պատասխանեց հարցին: Ինչպե՞ս եք պարզում:

ՄԻԱՎՈՐՆԵՐԻ ՊԱՏՄՈՒԹՅՈՒՆ   Դաս 11 Գնահատման թերթիկ   1•3

Անուն _____   Ամսաթիվ _____

Դասարանը հավաքեց տեղեկությունը ստորև բերված աղյուսակում։ Աշակերտներն հարցնում են միմյանց, թե խաղալիք կենդանիներից, խաղալիք ավտոմեքենաներից և շենքերից ո՞րն է նրանց սիրելին։

Այնուհետև նրանք տեղեկատվություն են կազմակերպում այս գծապատկերում։

Խաղալիք	Աշակերտների թիվը
Խաղալիք կենդանի	11
Խաղալիք մեքենա	5
Շենքեր	13

1. Քանի՞ աշակերտ է ընտրել խաղալիք ավտոմեքենա։ _____

2. Քանի՞ ոաշակերտ է ընտրել ավելի շատ շենքեր, քան խաղալիք կենդանիներ։ _____

3. Քանի՞ աշակերտ պետք է ընտրի խաղալիք մեքենաներ, որպեսզի հավասարեցնի հաշիվը՝ այն աշակերտների հետ, ովքեր ընտրել են շենքեր։ _____

Դաս 11 ։ Հավաքեք, տեսակավորեք և կազմակերպեք տվյալները, այնուհետև հարցրե՛ք և պատասխանե՛ք հարցերին տվյալների կետերի թվի վերաբերյալ

Կարդացեք

Քինգթոնի դասարանը ուղևորություն է կատարել կենդանաբանական այգի: Նա հավաքեց տվյալներ իր սիրած աֆրիկյան կենդանիների մասին: Նա տեսավ 2 առյուծ, 11 գորիլա և 7 զեբր: Ինչպիսի՞ն կարող է լինել նրա աղյուսակը: Մի հարց գրեք, որին ձեր դասընկերը կարող է պատասխանել աղյուսակին նայելով:

Նկարեք

ՄԻԱՎՈՐՆԵՐԻ ՊԱՏՄՈՒԹՅՈՒՆ   Դաս 12 Գործնական խնդիր   1•3

Գրեք

_____

_____

_____

Անուն ______________________________ Ամսաթիվ ______________

Նկարից ստացված տվյալները կազմակերպելու համար օգտագործեք քառակուսիներ, առանց բացերի կամ համընկնումների: Ձեր քառակուսիները **շարեք** զգուշորեն:

Սիրելի պաղպաղակի համ

□ = 1 աշակերտ

Համեր	Աշակերտների թիվը
□ վանիլային	
■ շոկոլադե	

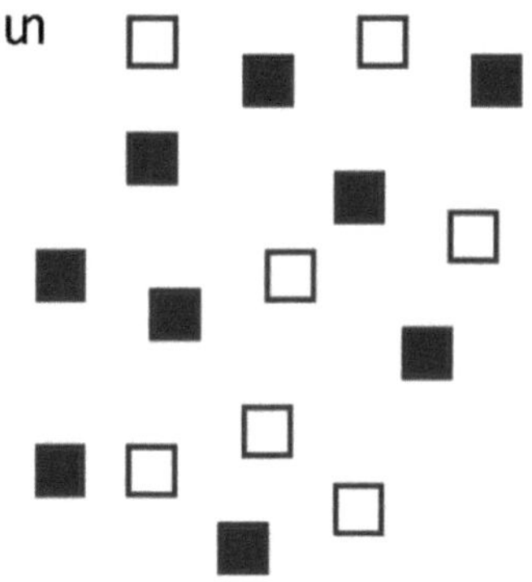

1. Որքա՞ն **ավել** աշակերտ հավանեց շոկոլադե, քան վանիլայինը: __________ աշակերտ

2. Քանի՞ **աշակերտի** հարցրեցին իրենց սիրած պաղպաղակի համը:

__________ աշակերտ

Կոշիկի կապիչներ

□ = 1 աշակերտ

Կոշիկի կապիչների տեսակները	Աշակերտների թիվը
ճարմանդ	□□□□□
երիզաթելեր	□□□□□□□□
ոչ մի կապիչ	□□□□□□□

3. Գրեք թվային նախադասություն՝ պատմելու համար, **թե** քանի աշակերտի էին հարցրել իրենց կոշիկների մասին:

____

4. Գրեք թվային նախադասություն՝ ցույց **տալու համար, թե որքան քիչ** աշակերտ ունի տեքստիլ ճարմանդ իր կոշիկների վրա, քան կապիչներ:

____

Դաս 12: Հարցրեք և պատասխանեք տարբեր բառային խնդիրների տվյալների համալիրի վերաբերյալ, որոնք կազմակերպված են երեք կատեգորիաներով

ՄԻԱՎՈՐՆԵՐԻ ՊԱՏՄՈՒԹՅՈՒՆ | Դաս 12 Խնդիրներ | 1•3

Յուրաքանչյուր աշակերտ դասարանում ավելացնում է պիտակ` ցույց տալու համար, թե որն է իր ամենասիրելի ընտանի կենդանին: Օգտագործե՛ք աղյուսակը հարցերին պատասխանելու համար:

Սիրելի կենդանի   = 1 աշակերտ

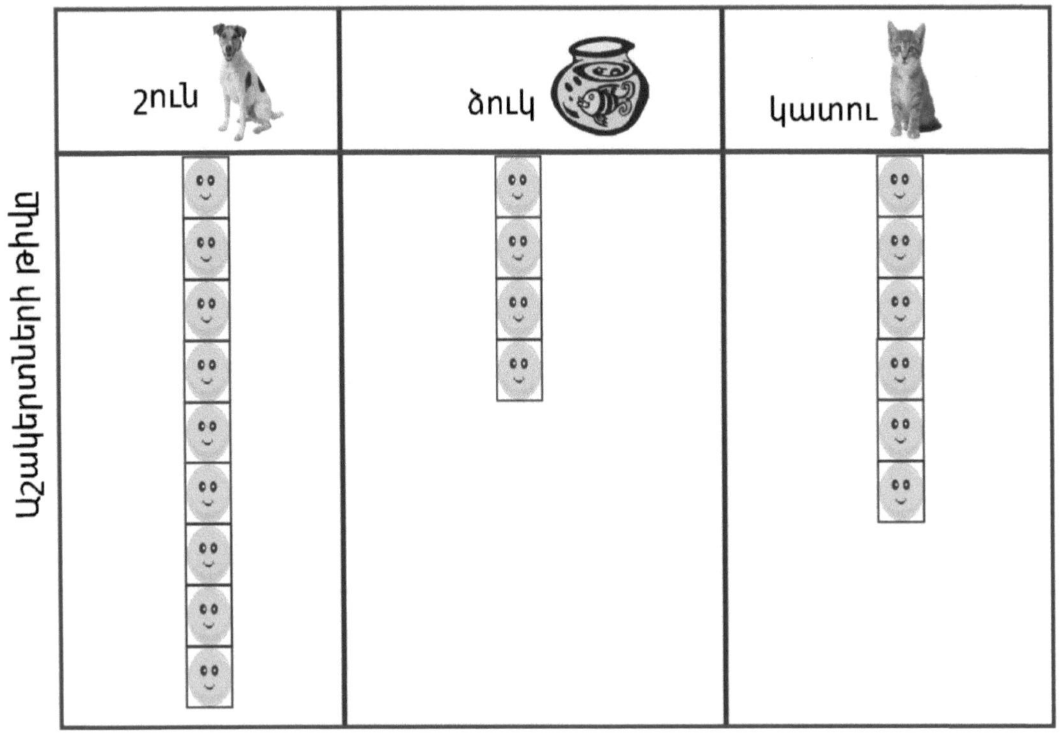

շուն	ձուկ	կատու
(9 աշակերտ)	(4 աշակերտ)	(7 աշակերտ)

Աշակերտների թիվը

5. Քանի՞ աշակերտ ընտրեց շներին և կատուներին, որպես սիրելի կենդանի:

_____ աշակերտ

6. Որքանո՞վ ավել աշակերտներ են ընտրել շունը իրենց սիրելի կենդանի, քան կատուն:

_____ աշակերտ

7. Որքանո՞վ ավել աշակերտներ են ընտրել կատուներին, քան ձկներին:

_____ աշակերտ

Դաս 12: Հարցրեք և պատասխանեք տարբեր բառային խնդիրների տվյալների համալիրի վերաբերյալ, որոնք կազմակերպված են երեք կատեգորիաներով

ՄԻԿՈՐՆԵՐԻ ՊԱՏՄՈՒԹՅՈՒՆ　　　　Դաս 12 Գնահատման թերթիկ　1•3

Անուն _____　　Ամսաթիվ _____

Նկարից ստացված տվյալները կազմակերպելու համար օգտագործեք քառակուսիներ, առանց բացերի կամ համընկնումների: Ձեր քառակուսիները **շարեք** զգուշորեն:

Սիրելի կենդանիներ գազանանոցում

Աշակերտների թիվը

ընձուղտ	
փիղ	
առյուծ	

Կենդանաբանական այգու կենդանիներ

Յուրաքանչյուր նկար ներկայացնում է 1 աշակերտի քվե:

1. Գրեք թվային նախադասություն՝ ցույց տալու համար **թե** քանի աշակերտի են հարցրել կենդանաբանական այգուց իրենց ամենասիրելի կենդանիի մասին:

   _____

2. Գրեք թվային նախադասություն՝ ցույց տալու համար, **թե** որքանո՞վ քիչ թվով աշակերտներ են հավանել փղերին, քան ընձուղտներին:

   _____

Կարդացեք

Զոեն պատրաստեց ընկերության վզնոցներ իր 3 ամենամոտ ընկերների համար: Գրաֆիկ կազմեք՝ ցույց տալու համար, այն երկու գույնի ուլունքներն, որոնք նա օգտագործել է: Նա օգտագործել է 8 կանաչ ուլունք Լիլիի համար, 4 մանուշակագույն ուլունք Ջամիլայի համար և 12 կանաչ ուլունք Սեգի համար: Քանի՞ կանաչ ուլունք է նա օգտագործել:

Գծեք

Գրեք

Անուն _____ Ամսաթիվ _____

Օգտագործե՛ք աղյուսակը հարցերին պատասխանելու համար։ Լրացրեք բաց թողնված տեղերը և խնդրի լուծման համար գրեք մի նախադասություն աջից։

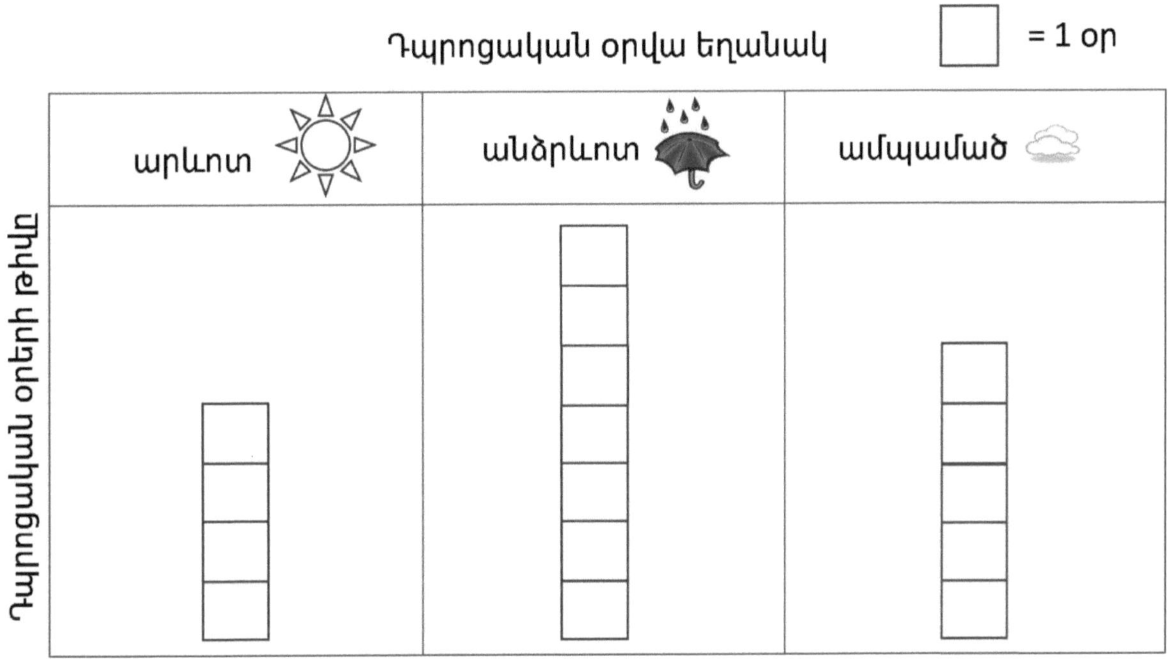

Դպրոցական օրվա եղանակ   ☐ = 1 օր

արևոտ ☀	անձրևոտ ☔	ամպամած ☁

(արևոտ՝ 4 քառակուսի, անձրևոտ՝ 8 քառակուսի, ամպամած՝ 5 քառակուսի)

Դպրոցական օրերի թիվը

1. Քանի՞ օր ավել է եղել ամպամած, քան արևոտ։

   _____ ավել օր(եր) եղել են ամպամած, քան արևոտ։ _____

2. Քանի՞ օր ավել է եղել ամպամած, քան անձրևոտ։

   _____ ավել օր(եր) եղել են ամպամած, քան անձրևոտ։ _____

3. Քանի՞ օր ավել է եղել անձրևոտ, քան արևոտ։

   _____ ավել օր(եր) եղել են անձրևոտ, քան արևոտ։ _____

4. Քանի՞ օր է դասարանը հետևել եղանակին։

   Դասարանը հետևել է եղանակին _____ օր։ _____

5. Եթե հաջորդ 3 դպրոցական օրն արևոտ է, ապա դպրոցական օրերից քանիսը՞ կլինեն արևոտ։

   _____ օր կլինի արևոտ։ _____

Դաս 13։ Հարցրեք և պատասխանեք տարբեր բառային խնդիրների տվյալների համալիրի վերաբերյալ, որոնք կազմակերպված են երեք կատեգորիաներով

269

Օգտագործե՛ք աղյուսակը հարցերին պատասխանելու համար։ Լրացրեք բաց թողնված տեղերը և գրեք թվային արտահայտություն խնդրի լուծման համար։

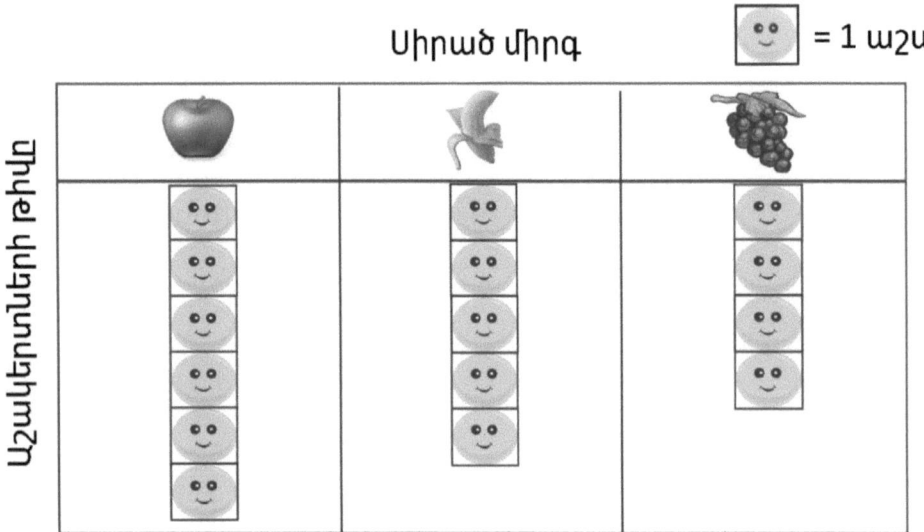

6. Քանիսո՞վ պակաս աշակերտ է ընտրել բանան, քան խնձոր։

   _____ պակաս աշակերտ ընտրել է ավելի շատ բանան, քան խնձոր: _____

7. Քանի՞ ավել աշակերտ է ընտրել ավելի շատ բանան, քան խաղող։

   _____ ավել աշակերտ ընտրել է ավելի շատ բանան, քան խաղող: _____

8. Քանիսո՞վ պակաս աշակերտ է ընտրել ավելի շատ խաղող, քան խնձոր։

   _____ պակաս աշակերտ ընտրել է ավելի շատ խաղող, քան խնձոր: _____

9. Եվս մի քանի աշակերտներ պատասխանեցին իրենց նախընտրած մրգերի մասին։ Եթե պատասխանած աշակերտների նոր ընդհանուր թիվը 20 է, ապա քանի՞ աշակերտ է պատասխանել։

   _____ ավել աշակերտ պատասխանել է հարցին: _____

ՄԻԱՎՈՐՆԵՐԻ ՊԱՏՄՈՒԹՅՈՒՆ   Դաս 13 Գնահատման թերթիկ   1•3

Անուն _____   Ամսաթիվ _____

Օգտագործե՛ք աղյուսակը հարցերին պատասխանելու համար:

Լիլիի ֆերմայի կենդանիները   ☐ = 1 կենդանի

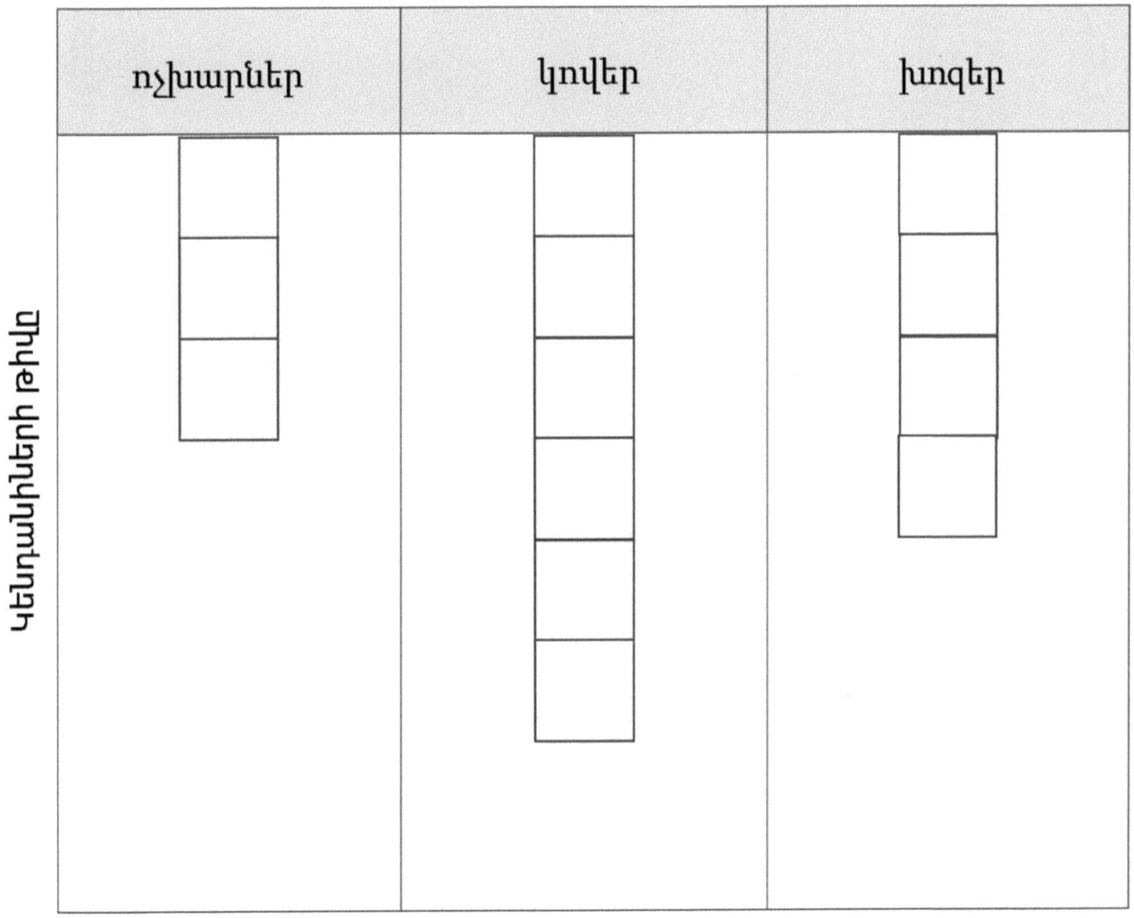

աչխարներ	կովեր	խոզեր
☐☐☐	☐☐☐☐☐☐	☐☐☐☐

Կենդանիների թիվը

1. Ընդամենը քանի՞ կենդանի կա Լիլիի ֆերմայում: _____ կենդանի

2. Որքա՞ն պակաս աչխարներ կան Լիլիի ֆերմայում, քան խոզեր: _____ քիչ աչխարներ

3. Որքա՞ն ավել կովեր կան Լիլիի ֆերմայում, քան աչխարներ: _____ ավել կովեր

Դաս 13: Հարցրեք և պատասխանեք տարբեր բառային խնդիրների տվյալների համաիրի վերաբերյալ, որոնք կազմակերպված են երեք կատեգորիաներով

Copyright © Great Minds PBC

271

Հավաստագիր

Great Minds®-ը գործադրել բոլոր ջանքերը՝ հեղինակային իրավունքով պաշտպանված բոլոր նյութերի վերատպման թույլտվությունը ստանալու համար։ Եթե հեղինակային իրավունքով պաշտպանված սույն նյութում որևէ սեփականատեր նշված չի, խնդրում ենք ճանաչման համար կապ հաստատել «Great Minds»-ի հետ՝ այս մոդուլի հետագա բոլոր հրատարակված և վերատպված տարբերակներում։

Մոդուլներ 2-3. Հավաստագիր

Printed by Libri Plureos GmbH in Hamburg,
Germany

9 781649 291585